中央民族大学
青年教师学术著作出版
编审委员会

主 任：鄂义太　陈　理
委 员：（按姓氏笔画排序）
　　　　云　峰　文日焕　白　薇　冯金朝　刘永佶
　　　　李东光　李曦辉　杨圣敏　邹吉忠　宋　敏
　　　　郭卫平　游　斌

中央民族大学青年学者文库
China Minzhu University Young Scholars Series

◎ 贺新闻 / 著

重大科技工程组织协同网络管理研究

ZHONGDA KEJIGONGCHENG
ZUZHI XIETONG WANGLUO
GUANLI YANJIU

中央民族大学出版社
China Minzu University Press

图书在版编目（CIP）数据

重大科技工程组织协同网络管理研究/贺新闻著. —北京：中央民族大学出版社，2013.6
ISBN 978-7-5660-0399-7

Ⅰ. ①重… Ⅱ. ①贺… Ⅲ. ①科技技术—组织协同—研究 Ⅳ. ①G303

中国版本图书馆 CIP 数据核字（2013）第 053320 号

重大科技工程组织协同网络管理研究

作　　者	贺新闻
责任编辑	戴佩丽
封面设计	布拉格
出 版 者	中央民族大学出版社
	北京市海淀区中关村南大街 27 号　邮编：100081
	电话：68472815(发行部)　传真：68932751(发行部)
	68932218(总编室)　　　68932447(办公室)
发 行 者	全国各地新华书店
印 刷 厂	北京市宏伟双华印刷有限公司
开　　本	880×1230（毫米）　1/32　印张：8.5
字　　数	220 千字
版　　次	2013 年 6 月第 1 版　2013 年 6 月第 1 次印刷
书　　号	ISBN 978-7-5660-0399-7
定　　价	26.00 元

版权所有　翻印必究

总　序

　　中央民族大学是我们党为解决民族问题、培养少数民族干部和高级专门人才而创办的高等学府。建校六十多年来，中央民族大学认真贯彻党的教育方针和民族政策，坚持社会主义办学方向，坚持为少数民族和民族地区发展服务的办学宗旨，培养了成千上万的优秀人才，取得了许多具有开创性意义的科研成果，创建和发展了一批民族类的重点学科，走出了一条民族高等教育又好又快发展的成功之路。

　　今天，荟萃了56个民族英才的中央民族大学，学科门类齐全、民族学科特色突出，跻身于国家"211工程"和"985工程"重点建设大学的行列。中央民族大学已经成为我国民族工作的人才摇篮，民族问题研究的学术重镇，民族理论政策的创新基地，民族文化保护和传承的重要阵地。

　　教师是学校的核心和灵魂。办好中央民族大学，关键是要有一支高素质的教师队伍。为建设一支能够为实现几代民大人孜孜以求的建成国际知名的、高水平的研究型大学提供坚实支撑的教师队伍，2012年4月，学校做出决定，从"985工程"队伍建设专项经费中拨出专款，设立"中央民族大学青年学者文库"基金，持续、择优支持新近来校工作的博士、博士后出站人员以及新近取得博士学位或博士后出站资格的在职教职工出版高水平的博士学位论文和博士后出站报告。希望通过实施这一学术成果出版支持计划，不断打造学术精品，促进学术探究，助推中央民族大学年轻教师成长，形成长江后浪推前浪、一代更比一代强的教师队伍蓬勃壮大的良好局面。

青年教师正值学术的少年期。诚如梁启超先生脍炙人口的名言所祈愿：少年智则国智，少年富则国富，少年强则国强，少年独立则国独立，少年自由则国自由，少年进步则国进步，少年胜于欧洲，则国胜于欧洲，少年雄于地球，则国雄于地球。希望在各方面的共同努力下，在广大青年教师的积极参与下，《中央民族大学青年学者文库》能够展示出我校年青教师的学术实力，坚定青年教师的学术自信，激发青年教师的学术热忱，激励广大青年教师向更高远的学术目标攀登。唯有青年教师自强不息，中央民族大学的事业才能蒸蒸日上！

中央民族大学青年教师学术著作出版
编审委员会
2013 年 6 月 19 日

内容简介

本书从系统工程思想和项目管理规律出发，综合运用组织理论、协同理论和网络组织理论，对重大科技工程组织协同问题进行研究，尝试构建一个适应计划经济向市场经济转轨新形势、符合自主创新战略新需求和军民融合式发展新要求的重大科技工程组织协同网络，并设计其管理模式。首先，基于文献梳理、实地考察、案例研究和比较分析的方法，对中美典型重大科技工程组织管理的成功经验进行分析，为我国目前重大科技工程组织实施提供借鉴。其次，在剖析我国重大科技工程组织管理现存问题的基础上，运用系统工程 V 字分解思路、项目管理工作分解结构方法，构建重大科技工程组织协同网络模型，分析其构成主体、相互间关系和整体构型的复杂性，然后结合当前我国社会主义集中力量办大事的政治职权特色优势和市场机制有效配置资源的法律契约约束环境，提出基于职权和契约链接关系的重大科技工程组织协同网络管理模式，探讨其形成动因、特征及其运行优缺点。最后，结合我国载人航天工程管理实际进行的组织协同网络管理模式实证分析，并给出优化重大科技工程组织管理的研究结论。

本书适合参与重大科技工程组织实施和管理的科研人员和管理人员使用，可供从事重大科技工程组织管理研究的高等院校教师和研究生参考和借鉴。

前 言

新中国成立以来，我国以"两弹一星"、载人航天等为代表的若干重大科技工程的实施取得了举世瞩目的成就，不仅把数百家单位、数万人组织起来，在较短时间内以较少的投入研制出高质量、高可靠的产品，还开创了一套既具有中国特色又具有普遍科学意义的重大科技工程组织管理方法与技术。重大科技工程集科学层次的理论问题、技术层次的开发问题、工程层次的产品问题研究于一体，是一个跨学科、跨领域、跨层次的复杂巨系统，需要大量科技资源集成，需要多单位协作研制一系列关键产品。围绕国家目标组织实施重大科技工程是转变经济增长方式、建设创新型国家、提升综合国力的一项重要举措。

随着经济社会发展和市场经济体制的建立，我国制定了"863"计划、"973"计划和《国家中长期科学与技术发展规划纲要》等，相继启动实施了以重大战略产品为目标的大型飞机、高空对地观测系统、载人航天与探月等重大科技工程。在众多重大科技工程组织管理过程中，传统组织管理模式继续发挥巨大作用的同时，也经常出现跨组织协调难度大、政府调控与市场导向相结合的管理机制和协同创新机制缺乏等问题。

创新型国家建设的战略目标迫切要求解决当前经济转型背景下重大科技工程的组织协同问题。2012年2月24日，国务院总理温家宝主持召开国家科技教育领导小组会议时指出，建立企业主导产业技术研发创新的体制和机制，支持企业与科研院所、高校组建技术创新联盟,联合攻克产业关键技术难关,强化协同创新,提高整体效能。国务委员刘延东在2012年国家科技重大专项组织实施推进会上强调,紧紧围绕国家重大战略目标,以改革完善组织管理为抓手,要切实构建企业主导的产业技术研发体系,要着力促进各类创新主体的协同创新,要着力强化资源整合和开放共享,确保重大专项任务目标的完成。理顺各创新主体的角色定位,完善组织协同机制进行研发创新成为推进重大科技工程组织实施的战略要求。

重大科技工程部门多、参与人员多、利益主体多元化,多主体组织构成了一个动态和复杂关联的社会网络,组织之间如何协同不仅是一个现实中的管理难题,还是一个理论上的管理问题,需要借助交叉学科来研究。本书基于系统工程思想,从项目管理规律出发,融合组织理论、协同理论和网络组织理论,尝试构建一个适应计划经济向市场经济转轨新形势、符合自主创新战略新需求和军民融合式发展新要求的复杂重大科技工程组织协同网络,并设计其管理模式,试图为破解我国重大科技工程组织管理体制和运行机制难题,指导重大科技工程组织管理实践提供新的思路;研究成果将对重大科技工程的科研和管理人员具有重要的参考价值。

本书重点对重大科技工程组织协同网络模型、模式展开研究,内容共分为八章:第1章绪论,提出所要探索的现实和理论问题,明确研究目的、意义、思路、方法等;第2章基本概念和理论基础,重点界定重大科技工程的内涵,提出重大科技工程管理模式框架体系;第3章中美重大科技工程组织管理模式分析,探讨其中存在的组织协同体制机制及问题;第4章重大科技工程组织协同网络构建及复杂性分析,重点设计模型,探讨协同管理过程,提出复杂性评价的熵模型;第5章基于职权链接的重大科技工程(MSTP)组织协同网络管理模式研究,主要分析其中职权协同关系、模式形成和运行特征及优缺点；第 6 章基于契约链接的重大科技工程（MSTP）组织协同网络管理模式研究，运用博弈理论分析基于契约链接的管理模式；第 7 章我国载人航天工程组织协同网络管理模式实证分析，构建载人航天工程组织协同网络模型，分析组织协同网络管理模式现状和发展趋势；第 8 章结论及探讨，概括出研究结论、创新点及局限性。

本书遵循从实践到理论、再从理论到实践的原则，沿着从总到分、从宏观到微观、从整体到局部、从构型到关系、从静态到动态、从模型到模式的总体思路，采取文献研究与实地调研相结合、专家咨询与群体访谈相结合、定性研究和定量研究结合、规范研究和实证研究结合、比较分析和案例分析相结合的综合研究方法，对重大科技工程组织协同网络管理模式进行系统、深入的分析和探讨，力图对重大科技工程组织管理实践进行经验概括和理论升华，揭示其特有的组织协同规律，论述组织协同网络管理原理和方法，反映其经济转轨形势下管理模式新特点，视角新颖，内容丰富，具有较强的现实性、理论性、科学性和前瞻性。

本书适合政府、军队、企业、科研院所、高等院校重大科技工程的科研人员和管理人员使用，可供从事重大科技工程组织管理研究的高等院校教师和研究生参考和借鉴。

尽管一直在前人研究基础上不懈地努力探索，但是由于重大科技工程非常复杂且涉及面很广，再加上自身认识局限性，书中难免有不足之处，敬请各位专家学者批评指正，我将在以后的研究中不断改进。

本书内容在我的导师北京理工大学侯光明教授精心指导和亲力帮助下完成，在此表示最为衷心的感谢！

特别感谢学校组织人事处为我们教师着想，提出出版思路和资助计划。

目 录

第1章 绪 论 …………………………………………… (1)
 1.1 研究背景 ………………………………………… (1)
 1.2 研究意义 ………………………………………… (5)
 1.3 文献综述 ………………………………………… (6)
  1.3.1 工程项目组织协同相关研究 ………………… (7)
  1.3.2 工程项目组织协同的网络化相关研究 ……… (13)
  1.3.3 工程项目组织协同网络相关研究述评 ……… (19)
 1.4 研究思路 ………………………………………… (20)
 1.5 研究方法 ………………………………………… (20)
 1.6 研究内容 ………………………………………… (21)
第2章 基本概念和理论基础 ………………………… (25)
 2.1 概念和范围界定 ………………………………… (25)
  2.1.1 重大科技工程的概念 ………………………… (25)
  2.1.2 重大科技工程的特征 ………………………… (30)
  2.1.3 重大科技工程管理的特殊性 ………………… (33)
  2.1.4 重大科技工程管理分析框架体系 …………… (35)
  2.1.5 重大科技工程组织协同网络研究范围 ……… (37)
 2.2 项目管理理论基础 ……………………………… (38)
  2.2.1 项目管理过程和组织结构形式 ……………… (39)
  2.2.2 项目管理的发展现状和趋势 ………………… (44)
 2.3 系统工程理论基础 ……………………………… (47)

2.3.1　系统工程过程 ………………………………(47)
　　2.3.2　国内外系统工程发展现状 …………………(50)
2.4　组织理论基础 ………………………………………(52)
　　2.4.1　组织理论的发展历程 ………………………(53)
　　2.4.2　组织理论研究的缺陷 ………………………(57)
2.5　本章小结 ……………………………………………(59)

第3章　中美重大科技工程组织管理模式分析 ……………(60)
3.1　美国重大科技工程组织管理模式 …………………(61)
　　3.1.1　以联邦政府为主导的立项组织管理 ………(61)
　　3.1.2　以企业为主体的实施组织管理 ……………(74)
　　3.1.3　以第三方独立机构为中介的
　　　　　　评估和验收组织管理 ………………………(78)
3.2　美国重大科技工程组织管理对我国的启示 ………(80)
3.3　我国典型重大科技工程组织管理模式 ……………(83)
　　3.3.1　"两弹一星"工程组织管理模式 ……………(83)
　　3.3.2　北京正负电子对撞机工程组织管理模式 …(85)
　　3.3.3　三峡工程组织管理模式 ……………………(87)
　　3.3.4　国家科技重大专项组织管理模式 …………(90)
3.4　我国重大科技工程全寿命周期组织管理过程 ……(93)
　　3.4.1　立项组织管理 ………………………………(94)
　　3.4.2　实施组织管理 ………………………………(98)
　　3.4.3　评估组织管理 ………………………………(101)
　　3.4.4　验收组织管理 ………………………………(103)
3.5　我国重大科技工程组织管理的协同问题 …………(106)
3.6　本章小结 ……………………………………………(111)

第4章　重大科技工程组织协同
　　　　网络构建及复杂性分析 ……………………………(112)
4.1　组织协同网络构建的理论依据及其适用原理 ……(113)

4.1.1 协同理论 …………………………………… (113)
  4.1.2 网络组织理论 ……………………………… (115)
4.2 重大科技工程组织协同网络
  构建原则和模型特征 ……………………………… (118)
  4.2.1 组织协同网络的构建原则 …………………… (118)
  4.2.2 组织协同网络的模型 ………………………… (119)
  4.2.3 组织协同网络的特征 ………………………… (131)
  4.2.4 组织协同网络的协同
     关系维度及管理模式 ………………………… (132)
4.3 重大科技工程组织协同网络的协同管理分析 …… (135)
  4.3.1 协同管理的形成 ……………………………… (136)
  4.3.2 协同管理的实现 ……………………………… (138)
  4.3.3 协同管理的约束 ……………………………… (140)
4.4 重大科技工程组织协同网络的复杂性分析 ……… (142)
  4.4.1 组织协同网络实体的复杂性 ………………… (142)
  4.4.2 组织协同网络结构的复杂性 ………………… (144)
  4.4.3 组织协同网络整体的复杂性 ………………… (146)
4.5 重大科技工程组织协同网络的复杂性度量 ……… (148)
  4.5.1 组织管理的熵应用 …………………………… (148)
  4.5.2 组织协同网络的熵模型 ……………………… (150)
  4.5.3 组织协同网络的熵运算 ……………………… (154)
4.6 本章小结 …………………………………………… (170)

第5章 基于职权链接的MSTP组织
   协同网络管理模式研究 ……………………… (171)
5.1 基于职权链接的MSTP组织协同
  网络管理模式形成分析 …………………………… (171)
  5.1.1 组织协同网络的职权协同关系 ……………… (171)
  5.1.2 组织协同网络管理模式的形成 ……………… (173)

5.2 基于职权链接的 MSTP 组织协同
　　网络管理模式视图 ……………………………（175）
5.3 基于职权链接的 MSTP 组织协同
　　网络关系测度程序 ……………………………（178）
5.4 基于职权链接的 MSTP 组织协同
　　网络关系测度内容 ……………………………（182）
5.5 基于职权链接的 MSTP 组织协同
　　网络管理模式的运行 …………………………（187）
　　5.5.1 组织协同网络管理模式运行特征 …………（187）
　　5.5.2 组织协同网络管理模式运行适用性 ………（189）
5.6 本章小结 ………………………………………（191）

第6章 基于契约链接的 MSTP 组织
　　　协同网络管理模式研究 ………………………（193）
6.1 基于契约链接的 MSTP 组织协同
　　网络管理模式形成分析 ………………………（194）
　　6.1.1 组织协同网络的契约协同关系 ……………（194）
　　6.1.2 组织协同网络管理模式的形成 ……………（196）
6.2 基于契约链接的 MSTP 组织协同
　　网络协同博弈机制式表述 ……………………（198）
6.3 基于契约链接的 MSTP 组织协同
　　网络科技协同创新机制分析 …………………（201）
6.4 基于契约链接的 MSTP 组织协同
　　网络研制分工协同机制分析 …………………（207）
6.5 基于契约链接的 MSTP 组织协同
　　网络管理模式的运行 …………………………（215）
　　6.5.1 组织协同网络管理模式运行特征 …………（215）
　　6.5.2 组织协同网络管理模式运行适用性 ………（217）
6.6 本章小结 ………………………………………（218）

第7章 我国载人航天工程组织协同网络管理模式实证分析 ……(219)

- 7.1 载人航天工程发展历程 ……(219)
- 7.2 组织协同网络模型及其复杂性 ……(221)
  - 7.2.1 工程系统研制任务 ……(222)
  - 7.2.2 适应型组织协同网络 ……(227)
  - 7.2.3 组织协同网络复杂性根源 ……(229)
- 7.3 组织协同网络职权链接到契约链接的转型趋势 ……(231)
  - 7.3.1 基于职权链接的组织协同网络现状 ……(232)
  - 7.3.2 基于契约链接的组织协同网络趋势 ……(234)
- 7.4 本章小结 ……(236)

第8章 结论及探讨 ……(237)

- 8.1 研究结论 ……(237)
- 8.2 主要创新点 ……(239)
- 8.3 研究局限及进一步研究方向 ……(241)

参考文献 ……(243)

后　记 ……(258)

第1章 绪 论

新中国成立以来，以"两弹一星"、载人航天为代表的重大科技工程的成功实施，开创了具有中国特色的以系统工程和项目管理为标志的组织管理模式的应用与发展，为国家科技工业的发展做出了显著的贡献。伴随着经济社会发展和市场经济体制的建立，国家进入了改革发展建设新的关键时期，相继启动实施了载人航天二三期、探月工程等 16 个国家科技重大专项。然而，重大科技工程组织管理能力表现出与任务要求有一定的差距，迫切需要对新形势下组织管理模式进行深入研究。于是重大科技工程组织管理创新成为一个重要的研究课题。由此，本研究基于系统工程和项目管理方法和技术，综合运用组织理论、协同理论和网络组织理论，对重大科技工程组织管理问题进行研究，探索构建一个适应计划经济向市场经济转轨新形势和军民融合式发展新要求的重大科技工程组织协同网络，以指导重大科技工程的组织管理实践。

1.1 研究背景

中国科学院、中国工程院钱学森院士曾提到大规模科学技术研制工作的目的是研究、设计、试制出能够达到一定预先制定目的和性能的产品，且最终取得的产品非常复杂，这种产品的有无关系一个国家的国际地位，关系国家安危。[①] 从系统科学和工程组织实施的视角来看，钱学森所提到的大规模科学技术研制工作即重大科技工程，是一个跨学科、跨领域、跨部门、跨行业、跨层次的复杂巨系统，形成一个集科学层次的理论问题、技术层次的开发问题、工程层次的产品问题研究于一体的链条，需要大量科技资源集成，需要基础研究支撑和核心技术突破，需要多单位协作研制一系列关键产品。历史上，我国以"两弹一星"为代表的重大科技工程的实施取得了举世瞩目的成就，不仅把数百家单位、数万人组织起来，在较短时间内以较少的投入研制出高质量、高可靠的产品，还开创了一套既具有中国特色又具有普遍科学意义的重大科技工程组织管理方法与技术。在研制流程上突出研究、规划、设计、试制、生产和试验一体化，在组织管理上强调一个总体设计部和两条指挥线的系统工程管理方式[②③]。后来一大批国家重大科技工程项目的成功在实践中也验证了这套重大科技工程组织管理方法的科学性和可行性。

为了提高国家竞争力，美国、欧洲、日本、韩国等国家和地区都组织实施了很多重大科技工程，如美国先后组织实施了曼哈顿工程、阿波罗登月工程、导弹防御系统计划、人类基因组计划、信息高速公路计划、国家纳米技术计划等。这些重大科技工程在短期内集中了大量人力、物力、财力，取得了巨大的成功，在很大程度上要归功于其完善的系统工程、项目管理、并行工程、矩阵式管理、供应链网等组织管理模式。美国××机构全称

---

① 钱学森等. 论系统工程（新世纪版）[M]. 上海：上海交通大学出版社，2007.
② 汪应洛. 系统工程[M]. 北京：高等教育出版社，2009.
③ 侯光明. 国防科技工业军民融合发展研究[M]. 北京：科学出版社，2009，11.

NASA 已建立了规范性的系统工程组织管理模式[①]，欧洲空间标准化合作组织（ECSS）在 ISO、NASAESA/PSS 标准基础上形成了较为完善的系统工程标准体系。美国、英国等数十个国家建立了较为全面的项目管理知识体系。美国等国家已拥有了应用于重大科技工程组织管理的供应链理论和网络组织理论体系。

随着经济社会发展和市场经济体制的建立，我国制定了"863"计划、《国家中长期科学与技术发展规划纲要》等，相继启动实施了载人航天二三期与探月工程等 16 个国家科技重大专项[②]。笔者经过实地调研和专家咨询得知[③]，在众多重大科技工程组织管理过程中，传统组织管理模式继续发挥巨大作用的同时，也暴露出组织间计划、协调、控制等一系列管理问题，具体为：跨组织管理体系层次过多，多组织系统结构出现纵向流程割裂、横向沟通不畅，委托—代理链冗长，各组织间统筹协调难度大，协调成本高，权力分散，责任不很清晰，协同效应较低；缺乏系统工程思想的运用和指导，导致工程实施过程中的管理专家与技术专家间缺乏总体部门的系统协调，造成工程的应变反应机制不及时；总体设计部薄弱，缺乏技术总师；组织管理效率较低，没有真正从现代项目管理规律出发，缺乏以全寿命周期管理为手段、政府调控与市场导向相结合的管理机制；信息传递有效性较差，纵向传递链条过长，横向传递链条过少，单向信息传递

[①] 黄春平，侯光明. 载人航天运载火箭系统研制管理［M］. 北京：科学出版社，2007，10.

[②] 国家科技部. 国家科技计划 2010 年年度报告［EB/OL］.［2010—12—16］http://www.most.gov.cn/.

[③] 笔者先后调研了中国运载火箭技术研究院、国防科工局、总装备部等单位，咨询了近二十名参与"863"课题、重大专项相关研究的专家。

多，双向传递信息少等问题①②③④。

　　创新型国家建设的目标和军民融合式发展的战略迫切要求解决当前经济转型背景下重大科技工程的组织管理问题。围绕着重大科技工程的组织实施，很多专家、学者和高层专业管理者给出了一些具有实效性的管理观点和建议。许倞（2009）认为国家科技重大专项组织管理工作的繁难程度不亚于其技术难度，实施国家科技重大专项是"组织大兵团作战而非游击战"。邬贺铨（2009）建议建立科技举国体制，建立专职、有责、有权的总指挥和总师制度，加强重大专项执行推进力度⑤。梅永红（2009）认为要在重点领域形成更加协调统一的举国体制，集中全国优势资源进行攻坚，在战略性新兴产业领域把中国的制度优势与市场经济有机结合起来将直接决定着重大专项最终取得成功与否⑥。刘延东（2008，2009）指出，要完善和创新举国体制，发挥政府主导作用，在国家层面建立多部门协作机制和合作大平台，以支持重大专项研发⑦。

　　与一般科技工程项目相比，重大科技工程的一个典型特征是投入大、涉及部门多、参与人员多、利益主体多元化，组织之间

---

① 马大龙. 国家重大科技专项管理机制改革刻不容缓［J］. 中国科技产业，2010（4）：22.

② 李武强. 实施国家重大科技专项，促进重点产业科技创新［J］. 中国科技产业，2003（11）：26—28.

③ 张智文. 国家重大科技项目组织管理的若干思考［J］. 中国软科学，1998（12）：50—62.

④ 匡胜国. 重大科研项目下马原因之探索［J］. 世界科学，2003（8）：38—40.

⑤ 重大科技专项加快破冰［EB/OL］.［2010—03—26］http：//www.cnr.cn.

⑥ 查文晔等. 我国重提举国体制搞科研，拟实现16个重大项目突破［EB/OL］.［2010—06—22］. http：//news.xinhuanet.com.

⑦ 刘延东. 深化科技改革，探索市场经济新举国体制［N］. 人民日报，2009—11—26.

如何协同不仅是一个现实中的管理问题，还是一个理论上的管理问题。通过大量的文献研究和专家咨询发现，上述重大科技工程组织管理现实问题的深层次原因在于围绕工程目标实现的数量众多的各类科技组织没能得到有效的系统整合，组织间关系没有得到很好的理顺，没有形成规范的有利于组织协同的网络结构，相应的对策措施也不适应于组织协同的需要，不适应于相应协同网络的形成。社会转型期的新形势和自主创新战略的新要求使重大科技工程组织管理面临新的挑战和机遇，将社会主义集中力量办大事的政治优势和市场配置资源的竞争优势有机地结合起来，探索市场经济条件下的组织协同及其网络管理模式，成为解决重大科技工程组织管理现实问题的重大理论课题。基于系统工程、项目管理方法和技术，综合运用复杂性科学理论、组织理论、协同理论和网络组织理论，研究计划经济向市场经济转轨期我国重大科技工程组织协同问题，构建组织协同网络，设计相应的管理模式，提出对策建议，将为破解我国重大科技工程组织管理体制和运行机制难题，指导重大科技工程组织管理实践提供新的思路，这也是本研究的目的所在。

1.2 研究意义

重大科技工程具有与一般工程项目不同的特点，如学科和专业覆盖面大、协作面广、系统性强、投入多、研制周期长、风险高、带动性和辐射性强等，且研究与开发所占的比例大，新、难、精、尖技术比较多，涉及国家发展战略全局。工程项目本身特性差异导致重大科技工程组织管理呈现多元化和复杂化特征，探索重大科技工程组织管理是一个前沿的特定研究领域，具有重要的理论和现实意义。

本研究基于系统工程、项目管理方法，融合组织理论、协同理论、网络组织理论以及复杂性科学理论等不同学科理论，从新的视角探索重大科技工程在现行转轨经济环境下的组织管理特定内容，寻求和建立特定组织管理研究的新范式、新方法和新工具，并以此为依据从模型、模式两方面提出我国重大科技工程组织协同网络的理论分析框架及其相关内容，不但有利于丰富传统组织理论、协同理论、网络组织理论，还有助于发展系统工程、项目管理方法和技术，建立市场经济环境下的重大科技工程组织管理理论，具有重要的理论意义。

　　对重大科技工程组织协同网络模型及其基于职权链接和基于契约链接的两种管理模式进行系统、深入的研究，不但有助于解决我国重大科技工程组织管理中存在的突出现实问题，提高我国重大科技工程组织管理能力和绩效，还有助于在激烈的市场竞争环境中科学地指导重大科技工程的组织实施，制定重大科技工程组织管理的相关宏观调控政策，具有较强的实际指导意义和应用价值。

1.3　文献综述

　　本研究对工程项目实施组织管理中的协同和所形成的网络问题进行深入探讨。目前，国内外很多学者从不同角度对工程项目实施中的组织协同及其网络化问题进行了有益的研究和探索，涉及工程项目组织协同方面的参与方之间关系、合作管理、集成管理等研究和协同网络化方面的供应链网、虚拟组织、动态联盟、网络组织等研究。

1.3.1 工程项目组织协同相关研究

1. 国外工程项目组织协同相关研究

很多学者运用多种方法对工程项目参与方之间关系和合作管理进行了系统研究，并构建了相应的模型。对于科技工程项目参与方之间的关系，Sai-On Cheung（2002）运用层次分析法对解决争端的 ADR（Alternative Dispute Resolution）方法的关键影响因素做了分析，指出在应用 ADR 过程中只要注意这些关键因素将会使得争端解决更有效率[1]。美国发明者协会将虚拟组织理论应用于工程建设项目各参与方集成研究，首次提出虚拟建设模式的概念[2]。Min-Yuan Cheng（2003）提出一个评价项目内部协同程度的模型，并根据这个模型来评价项目组织结构的效率，从而指导项目组织结构的优化选择。Mohan M. Kumaraswamy，Florence Yean YngLing 和 M. Motiar Rahman（2005）在《Constructing Relationally Integrated Teams》一文中提出，应建立和工程项目相关的集成团队，通过这一方式可以实现工程项目集成管理[3]。A. F. Griffith（2001）对工程项目实施前的计划过程中项目组织

---

[1] Sai-On Cheung, Henry C. H. Suen, Tsun-lp Lam. Fundamentals of alternative dispute resolution processes in construction [J]. Journal of Construction Engineering and Management, 2002, 128（5）：409 - 417.

[2] Omar K halil and Shou hong Wang. Information Technology Enabled Meta-management for Virtual Organizations [J]. International Journal of Production Economics. 2002（75）：127 - 134.

[3] Mohan M. Kumaraswamy, Florene Yean Yng Ling, M. Motiar RabLInan. Constructing Relationally Integrated Teams [J]. Joural of Construction Engineering and Management. 2005, Vol. 131, No. 10：1076 - 1086.

协同工作问题进行了研究[1]。Eddie W L. Cheng（2002）总结了合作管理的一般过程和这个过程中每个步骤的相关成功因素，为合作管理成功实施指明了方向[2]。

一些学者对工程项目采购阶段的协同管理进行了研究，提出一些新的适应工程市场需要的采购模式，如 DB、EPC、CM、PMC、BOT，还有合作伙伴模式等，并对这些合同模式进行了对比分析[3]。Feniosky Pena-Mora（2001）指出不同项目采购模式对他提出的协作谈判方法的影响不同，进而对项目采购模式对项目协同程度影响做了定量研究，指出设计/建造模式是项目参与方潜在冲突最少的一种采购管理模式[4]；David C. Brown 等（2001）提出了一个考虑协同因素的新的项目采购管理模式[5]。有关国际权威机构专门出版了相关合同模式所使用的合同适用条件[6][7]。不同的合同支付方式对项目协同影响不同[8][9] J Rodney Turner

---

[1] A. F. Griffith, G. E. Gibson Jr., Alignment during Preproject Planning [J]. Journal of Management in Engineering, 2001, 69 – 76.

[2] Eddie W L. Cheng, Heng Li. Construction partnering process and associated critical success factors: quantitative investigation [J]. Journal of Management in Engineering, 2002, 18 (4): 194 – 203.

[3] John B. Miller and Roger H. Evje. The practical application of delivery methods to project portfolios [J]. Construction Management and Economics, 1999 (17): 669 – 677.

[4] Feniosky Pena-Mora, Tadatsugu Tamaki. Effect of delivery systems on collaborative negotiations for large-scale infrastructure projects [J]. Journal of Management in Engineering, 2001, 17 (2): 105 – 121.

[5] David C. Brown, Melanie J. Ashleigh, Michael J. Riley. New project procurement process [J]. Journal of Management in Engineering, 2001, 17 (4): 192 – 201.

[6] FIDIC. Conditions of Contract for Plant and Design-Build. 1999.

[7] FIDIC. Conditions of Contract for EPC [J]. Turnkey Project. 1999.

[8] T. C. Berends. Cost plus incentive fee contracting-experiences and structuring [J]. International Journal of Project Management, 2000, 18: 165 – 171.

[9] J. Rodney Turner, Stephen J. Simister. Project contract management and a theory of organization [J]. International Journal of Project Management, 2001 (19), 457 – 464.

(2001)提出了一个四个维度合同计价方式选择方法,并评价了不同计价方式对于项目运营效率的影响。这些合同管理模式的实施有利于使项目各方尤其是业主和主要承包商之间建立长期合作伙伴关系[1],而非对立的关系,使项目各参与方以项目利益为重,共担风险,共享项目成功收益。新型合同模式的出现为工程建设项目各参与方的集成化协同提供了保障。

有的学者对工程设计阶段的协同问题进行了研究[2],A. F. Griffith（2001）指出项目规划对于项目的成功非常重要,而在项目规划过程中,各参与方的协同是项目规划成功的关键因素,他还提出了在项目规划阶段的10个需要特别注意的协同事项。Stuart D. Anderson 等（2000）专门研究了集成理论在工程建设设计阶段的应用[3]。另外,Chimay J. Anumba（2000）对工程项目全生命周期集成化管理（LCIM）进行了研究[4],C. J. Anumba 等（2000）对工程项目总承包模式下全生命周期协同沟通进行了研究[5]。所有这些都为工程项目过程协同提供了很好的思路和可借鉴的成果。

利用计算机技术和网络技术,对组织内的信息进行集成共

---

[1] Shamil Naoum. An overview into the concept of partnering [J]. International Journal of Project Management, 2003 (21): 71 – 76.

[2] A. F. Griffith, G E. Gibson Jr. . Alignment during preproject planning [J]. Journal of Management in Engineering, 2001, 17 (2): 69 – 76.

[3] Stuart D. Anderson, Deborah J. Fisher and Suhel P. Rahman. Integrating constructability into project development: a process approach [J]. Journal of Construction Engineering and Management. 2000, 126 (2): 81 – 88.

[4] Chimay J. Anumba. Integrated systems for construction: challenges for the millennium [A]. International conference on construction information technology 2000 [C]. HongKong, 2000 (1): 17 – 18.

[5] C. J. Anumba, A. K. Duke. Telepresence in concurrent lifecycle design and construction [J]. Artificial Intelligence in Engineering, 2000 (14): 221 – 232.

享，并支持组织内和组织间的协同工作，是工程项目组织协同研究的一个趋势①。美国 MIT 的 Feniosky Pena – More 等人（2002）研究了基于计算机技术的工程项目管理的多设备协同工作实施分析系统②；C. M. Tam. 和 Dany Hajjar（2000）对现代信息技术在工程建设行业、企业、多项目和单项目层面的支持进行了研究③④；Fenios Pena-Mora（2000）提出一个名为 CAIRO 的协同会议系统原型，用来协助地域分散的项目的不同参与方的协同，还提出一个用于工程项目实时管理和辅助计算的系统框架，用来支持和帮助项目管理者实现快速、高效的项目管理⑤。

2. 国内工程项目组织协同相关研究

丁士昭（2000）提出建设项目全寿命期集成化管理的概念，从业主角度出发，强调三个彼此分离且各自独立的管理过程，经集成和统一化处理之后，可以形成一个新的建设项目全寿命期管理系统。其中，过程集成目的在于形成建设项目阶段的一体化，协调上下游阶段之间的有效衔接，并通过消除各种界面的损失，

---

① Brian Hel brough. Computer assisted collaboration – the fourth dimension of project management [J]. International Journal of Project Management, 1995, 13 (5): 329-333.

② Feniosky Pena-Mora, Gyanesh Hari Dwivedi, Multiple device collaborative and real time analysis system for project management in civil engineering [J]. Journal of computing in civil engineering, 2002, 23 – 38.

③ C. M. Tam. Use of the internet to enhance construction communication: Total Information Transfer System [J]. International Journal of Project Management, 1999, 17 (2): 107 – 111.

④ Dany Hajjar and Simaan M. Abourizk. Integrating document management with project and company data [J]. Journal of Computing in Civil Engineering. 2000, 14 (1): 70 – 77.

⑤ Fenios Pena-Mora, K. Hussein, S. Vadhavkar, K. Benjamin. CAIRO: a concurrent engineering meeting environment for virtual design teams [J]. Artificial Intelligence in Engineering, 2000, 14 (3): 203 – 219.

以通畅的信息传递和知识共享,来实现各参与方的协同工作[1][2][3]。何清华(2000)提出了建立全寿命周期集成化管理联合班子,并对集成管理组织模式、集成化管理信息系统进行了研究和探索[4][5]。

李瑞涵(2002)将集成化的思想和项目管理理论结合,提出了工程项目集成化管理理论,构建由工程项目管理的全生命周期集成、工程项目的管理要素集成、工程项目管理的外部集成三个部分组成的工程项目集成化管理概念模型[6]。王华(2005)提出了建立以业主、咨询机构、专业人士共同形成的协同化战略联盟为决策和管理核心,通过建立中央数据库将工程项目管理的外部各个参与方、管理各个要素、全寿命期各个阶段建立起来的异构数据和工作模块统一成标准化的同构数据,共同实现建设项目全寿命周期管理中快速诊断与决策[7]。陈勇强(2004)从信息集成、目标集成、过程集成和参与方集成四方面对超大型工程建设项目集成管理进行了研究,包括基于现代信息技术的虚拟组织理

---

[1] 丁士昭. 关于建立工程项目全寿命管理系统的探讨———一个新的集成 DM、PM 和 PM 的管理系统的总体构思. 海峡两岸营建管理研讨会论文集 [C]. 北京:1999.

[2] 丁士昭. 关于南京地铁全寿命集成化管理组织管理模式的探讨 [R]. 南京:南京地铁建设指挥部, 2000.

[3] 丁士昭. 国际工程项目管理模式的探讨 [J]. 土木工程学报. 2002 (1):42—47.

[4] 何清华,陈发标. 建设项目全寿命周期集成化管理模式的研究 [J]. 重庆建筑大学学报, 2001 (4): 75—79.

[5] 何清华. 全寿命周期集成化管理模式的思想和组织 [J]. 基建优化, 2001 (2).

[6] 李瑞涵. 工程项目集成化管理理论与创新研究 [D]. 天津:天津大学, 2002.

[7] 王华,尹贻林,吕文学. 现代建设项目全寿命期组织集成的实现问题 [J]. 工业工程, 2005, 8 (2): 38—41.

论在超大型工程建设项目管理当中的应用,以及如何利用激励合同模式和合作伙伴关系实现和促进项目主要参与方之间的集成,实现项目各参与方共赢的目标①②③。

成虎(2001)探讨了全寿命期集成建设项目管理的目标、系统分解方法、组织、综合计划方法和信息集成化等,从新的角度建立了建设项目的系统管理模型,分析了建设项目全寿命期管理目标体系,构建项目管理的现实性思维、理性思维、哲学思维层次,同时提出建设项目结构分解方法和准则,构造了以项目分解结构为核心的项目职能管理集成模型④⑤⑥。张劲文(2005)构建了大型交通建设项目管理集成系统总体框架,对大型交通建设项目分别从管理要素集成、全寿命周期管理集成、组织集成和信息集成四个维度进行了系统分析⑦。王长峰、王化兰(2009)以重大研发项目过程组织综合集成为研究对象,根据过程管理的组织综合集成理论,重点分析了重大研发项目过程、过程管理综合集成、过程组织管理集成的特征,建立了重大研发项目过程管

---

① 陈勇强. 基于现代信息技术的超大型工程建设项目集成管理研究 [D]. 天津:天津大学,2004.

② 陈勇强,吕文学,张水波. 工程项目集成管理系统的开发研究 [J]. 土木工程学报,2005,38(5):111—115.

③ 陈勇强. 大型工程建设项目集成管理 [J]. 天津大学学报(社会科学版),2008,10(3):202—205.

④ 成虎. 建设项目全寿命期集成管理研究 [D]. 哈尔滨:哈尔滨工业大学,2001.

⑤ 王延树,成虎. 大型施工项目的集成管理 [J]. 东南大学学报(自然科学版),2000(4):100—104.

⑥ 王雪荣,成虎. 建设项目全寿命期综合计划体系 [J]. 基建优化,2003(3).

⑦ 张劲文. 大型交通建设项目管理集成研究 [D]. 长沙:中南大学,2005.

理的组织综合集成模型[①]。

1.3.2 工程项目组织协同的网络化相关研究

1. 国外工程项目组织协同的网络化相关研究

Camarinha-Matos（2005）认为，大量的协同网络成为企业界、工程界和学术界共同面临的挑战，是企业和专业人员在赢得市场竞争机遇或追求科学创新的过程中实现优势互补和共同联合的主要选择。协同网络的发展受到信息技术的推动。信息技术和通信技术成为支持组织实现集成和柔性的基本手段。他分析了工业企业的协同网络发展脉络，还分析了协同网络8种组织形态，即虚拟企业、虚拟组织、专业虚拟社群、动态联盟组织、产业集群、延展型企业、电子科学、虚拟实验室[②]。

一些学者对虚拟企业、延展型企业、供应链一体化、战略联盟及企业集群等具体组织形式所涵盖的共同内容加以提炼，概括出一般性网络组织概念，对网络组织的研究逐渐演化为两个主要派别：一个是行为学派，主要由社会网络和战略管理研究方面学者构成，有 Watts（2001）[③]、Ahuja（2000）[④] 等，主要使用实证研究工具或手段，对网络结构、网络互惠性（知识共享、信息交流）、网络中心性、网络治理、网络学习等方面进行研究；另

---

① 王长峰, 王化兰. 重大研发项目过程管理组织综合集成研究 [J]. 科学学研究, 2009, 27 (1): 111—117.

② Camarinha-Matos L M, Afsarmanesh H. Collaborative networks: A new scientific discipline [J]. Journal of Intelligent Manufacturing, 2005, 16 (4-5): 439 –452.

③ Watts A. A dynamic model of network formation [J]. Games Econom Behavior, 2001, 34: 331 –341.

④ Ahuja C. Collaboration networks, structural holes and innovation: A longitudinal study [J]. Administrative Science Quarterly, 2000, 45: 425 –455.

一个派别是工程技术学派,主要由管理科学、信息科学学者构成,有 Cachon(2001)[1]、Corbett(2001)[2]、Chen &Nicholas(2007)[3]、Graves&Willems(2005)[4]、Cachon&Lariviere(2006)[5][6] 等,偏重于网络组织运作管理中的定量决策与分析,主要使用优化建模、多指标决策分析方法、智能算法/启发式算法等工具和手段,集中在对网络的构建与形成、协同调度、联合库存、协同生产计划、网络绩效(有效性)评价等决策分析,并致力于通过计算机和网络通信技术把这些定量的模型和算法进行系统实现。

协同网络的形成主要是由于协同网络主体之间的协同作用,很多学者分析了协同网络主体之间的协同作用。Stuart(2000)认为核心企业从战略联盟资产组合中得到的优势与其他联盟伙伴资源状况有着紧密关系[7]。Hagedoor 和 Duysters(2002)指出通过跨组织的协同技术创新可使企业获取新知识,并且逐步增加企

---

[1] Cachon G P. Stock wars: inventory competition in a two-echelon upply chain with multiple retailers [J]. Operations Research, 2001, 49: 658–674.

[2] Corbett C J. Stochastic inventory systems in a supply chain with asymmetric information: Cycle stocks, safety stocks, and consignment stock [J]. Operations 487-500. 2001, 49.

[3] Chen Z L, Hall N Cx Supply chain scheduling: Conflict and cooperation in assembly systems [J]. Operations Research, 2007, 55: 1072-1089.

[4] Graves S C, Willems S P Optimizing the supply chain configuration for new products [J] Management Science, 2005, 51: 1165-1180.

[5] Cachon G P, Lariviere M A. Contracting to assure a supply chain [J]. Management Science, 2001, 47: supply: how to share demand forecasts in 629–646.

[6] Cachon G P, Lariviere M A. Supply chain coordination with revenue-haring contracts: strengths and limitations [J]. Management Science, 2005, 51: 30–44.

[7] Stuart T E. Interorganizational alliances and the performance of firms: A study of growth and innovation rates in a high-technology industry [J]. Strategic Management Journal, 2000, 21 (4): 791–811.

业技术创新相关知识[1]。Deck 和 Strom（2002）通过企业调查发现，伙伴协同情况是企业开展合作研发项目的基础[2]。Ahuja（2000）发现，技术创新合作网络中伙伴之间紧密地联系会加强技术交换，提高技术合作的绩效。Luo（2001）论证了个体关系正是通过影响个人和组织间的信任水平，进而对联盟形成过程产生深刻影响[3]。Banker 和 Kauffman（2004）指出，技术创新网络中由于跨组织学习而导致的信息交换是技术扩散的主要途径[4]。

2. 国内工程项目组织协同的网络化相关研究

吴绍艳（2006）基于涌现发生的结构效应原理，重点研究了工程项目供应链成员之间非线性协同作用的几种方式，建立了工程项目供应链协同管理组织基础——以联合协调项目组为核心的网状组织结构，提出了基于柔性界面的参与方合作伙伴关系建立框架，并对各参与方主体之间的协同进化机理和过程进行了探讨[5]。李蔚（2006）提出建设项目供应链集成管理模式，根据项目实施阶段不同，构建了由不同参与方组成并承担相应责任的动态联合组织。根据建设项目实际情况，对动态联合组织的核心领导小组进行分析。在对动态联合组织的目标、特征和功能进行深

---

[1] Hagedoor, Duysters J. External source of innovation capabilities: the perference for strategic alliance or mergers and acquisition [J]. Journal of Management Studies, 2002, 39 (2): 167-188.

[2] Deck M, Strom M. Model of co-development emerges [J]. Research Technology Management, 2002, 45 (3): 47-54.

[3] Luo Y D. Antecedents and consequences of personal attachment in cross-cultural cooperative ventures [J]. Administrative Science Quarterly, 2001, 46 (2): 17-25.

[4] Banker R D, KauffMann J R. The evolution of research on information systems: A fiftieth-year surveyof the literature in management science [J]. Management Science, 2004, 50 (3): 281-298.

[5] 吴绍艳. 基于复杂系统理论的工程项目管理协同机制与方法研究 [D]. 天津：天津大学, 2006.

入分析后,将动态联合组织模式下建设项目详细设计流程与传统模式进行了比较[1][2][3]。王要武、薛小龙(2006)认为建设供应链管理正在成为一种新的建筑管理模式,这种模式在业主、设计单位、承包商、供应商之间双赢的协同商务战略框架下,应借助于先进信息技术,对建设项目生产过程中所涉及的所有活动和各参与方进行集成管理[4][5]。林鸣(2005)通过在工程项目中构建动态联盟来实现工程项目的集成化管理[6]。

王乾坤(2006)在霍尔系统工程三维结构体系与理念集成的基础上,提出了建设项目集成管理的组织集成、过程集成、信息方法集成三维结构体系。他认为,建设项目是由多方参与的复杂体,提高项目管理质量和效率,管理组织集成是基础,通过动态联盟和团队、虚拟组织和虚拟建设及班子等理论与关系的分析,阐述了集成组织系统功能,探讨了组织系统集成的关键因素,提出组织集成管理系统的开发思路[7][8][9]。陈敬武,袁鹏武

---

[1] 李蔚.建设项目的供应链集成管理研究[J].基建优化,2005,26(1):16-19.

[2] 李蔚,蔡淑琴.建设项目集成的SIPOC模式及其组织支持[J].科研管理,2006,27(1):138-144.

[3] 李蔚.建设项目集成的组织设计与管理[J].华中科技大学学报(城市科学版),2005,22(2):78-83.

[4] 王要武,薛小龙.供应链管理在建筑业的应用研究[J].土木工程学报,2004,37(9):86-90.

[5] 薛小龙.建设供应链协调及其支撑平台研究[D].哈尔滨:哈尔滨工业大学,2006.

[6] 林鸣,陈建华,马士华.基于"3TIMS"平台的工程项目动态联盟集成化管理模式[J].基建优化,2005,26(4):6-10.

[7] 王乾坤.建设项目集成管理三维结构与系统再造[J].武汉理工大学学报,2006,28(3):134-137.

[8] 王乾坤,刘洪海.基于项目三角的目标集成规划与实施绩效评估方法[J].重庆建筑大学学报,2006,28(5):122-125.

[9] 王乾坤.建设项目集成管理研究[D].武汉:武汉理工大学,2006.

(2009）介绍了网状虚拟组织的内涵，提出网状虚拟组织的模式，并分析该模式的核心——"联合协调小组"，根据项目实施阶段不同，构建了由不同参与方组成的联合协调小组，对如何更好地进行网状虚拟组织管理提出建议[1]。李红兵（2004）从管理要素集成、过程集成、知识集成三个维度研究了建设项目集成化管理，并对实现集成管理的支撑条件，包括共同的理念、高效的组织和全面准确的信息传递进行了分析，其中阐释了集成化组织特征，提到了虚拟建设组织[2][3][4]。

荆琦（2004）以动态联盟组织形态的多态性为切入点，分析产生多态性的原因，从各种各样的联盟组织结构中抽象出"主从型"和"民主型"两种基本结构单元，并进一步提出"动态联盟基本组织结构单元"的概念，用其描述动态联盟企业间的多种协作关系，递归构建一致的动态联盟企业组织结构模型。在分析项目在动态联盟中定义规则的基础上，构建了运行在上述联盟企业组织模型的动态联盟项目组织结构模型，为动态联盟协同项目管理相关理论研究和系统实现提供一致的项目组织模式平台[5]。彭伟东（2008）认为，网状组织结构是适合工程项目供应链协同管理的一种组织方式。他针对传统工程项目组织的缺陷，定义了组织系统时效，应用图论理论比较集中组织结构的时效，

---

[1] 陈敬武，袁鹏武. 建设项目目标集成管理的组织模式 [J]. 科技进步与对策，2009，26（21）：59-61.

[2] 李红兵. 建设项目集成化管理理论与方法研究 [D]. 武汉：武汉理工大学，2004.

[3] 李红兵. 工程项目环境下的知识管理方法研究 [J]. 科技进步与对策，2004（5）：14-16.

[4] 李红兵. 建设项目全生命期集成化管理的理论和方法 [J]. 武汉理工大学学报，2004（2）.

[5] 荆琦，王慧敏，徐晓飞. 动态联盟项目组织模式及协同管理方法研究 [J]. 哈尔滨工业大学学报，2004，(36) 8：995-1000.

说明对于现代工程项目组织，扁平化网络式组织的委托/代理链信息沟通效率被证实是比较高效和迅捷的[1]。

丁荣贵（2010）以某大型建设监理项目为例，基于社会网络分析（SNA）构建项目治理的社会网络模型，并分析项目利益相关方在网络中的嵌入方式、网络结构特性和其治理策略间的相互影响。研究表明，该网络模型能充分刻画多组织项目利益相关方之间的治理关系，可以为大型项目建立合理的治理机制提供有效的量化研究方法和工具。该方法和工具的运用，能增强对项目利益相关方行为的规制能力，降低利益相关方治理角色风险，最终提高项目的成功率[2]。赵天奇（2000）分析了大型复杂产品设计与生产的特点以及动态联盟企业的分类及特点，在此基础上提出适合大型复杂产品设计、制造、批量生产与产品服务的分阶段动态联盟模式及实施方案，并对动态联盟伙伴企业间的投资和利益分配问题进行了探讨，对大型复杂产品的研制可采用以下组织运行模式：产品领导小组统一协调和控制下分阶段动态联盟组织模式；以产品设计开发单位为盟主的面向市场动态联盟模式[3]。

谢心灵（2005）认为网络型组织是组织之间因为某种目的或任务，根据一定规则而结成的一种组织，如多组织间的产品协同开发。他应用有向图和模糊结构设计矩阵（FDSM）对网络型组织中产品开发设计过程进行建模，并在此基础上应用解耦、矩阵交换、分解等方法对设计活动进行了优化处理，以便在不损害产品开发质量的基础上，提高网络型组织产品开发效率和整体开发进

---

[1] 彭伟东. 工程项目协同管理网络组织探讨［J］. 中国水运，2008，(8) 1：116 – 117.

[2] 丁荣贵，刘芳，孙涛，等. 基于社会网络分析的项目治理研究［J］. 中国软科学，2010，6：132 – 140.

[3] 赵天奇，陈禹六. 大型复杂产品研制与生产的动态联盟模式［J］. 计算机集成制造系统，2000（6）：1 – 7.

度，减少产品开发中设计迭代问题，缩短产品开发周期，使网络型组织中各合作单位最大限度地协同并行工作[①]。

1.3.3 工程项目组织协同网络相关研究述评

目前，在国内外学术界，无论是在组织协同方面的参与方关系、合作管理、集成管理、协同管理等研究上，还是在协同网络化方面的供应链网、虚拟组织、动态联盟、网络组织等研究上，都已经取得了一些很有意义的成果。但是，这些理论研究大多集中于一般性工程项目、水利水电建筑建设类工程项目或企业组织，而针对工程项目组织协同的网络化研究相关文献还非常少，全面、系统、深入的重大科技工程项目的组织协同的网络化研究更是少见，以重大战略产品研制为主的国家层面的重大科技工程组织协同的网络化相关研究文献缺乏。尽管航天领域重大科技工程所采取的一总两条指挥线组织管理模式具有组织协同管理的思想，但是相关的文献理论研究依然极少。重大科技工程规模庞大、持续时间长、参与单位多、研制过程复杂，组织协同管理是既成事实，必须站在超出工程项目参加者、工程项目过程和组织管理各个职能的角度分析和研究组织协同管理问题，使相应的经验总结和理论研究达到一定的高度和深度。

现有对工程项目组织协同及其网络化所进行的分析和研究大多数集中在管理目标协同、过程协同、要素协同、信息协同、知识共享等几个方面，尽管有一些参与方组织协同和网络化的研究，但这些研究成果多为概括性的定性分析，缺乏充足的证据和必要的理论分析，缺乏相关必要的方法和技术研究，缺乏从组织

---

① 谢心灵，刘伟，岑伊万. 网络型组织中产品设计过程建模及优化［J］. 重庆大学学报（自然科学版），2005，(28) 8：8-11.

协同和网络层面对重大科技工程组织管理理论和方法的深入研究，且现有许多研究尚未涉及组织协同网络的构型和链接关系。重大科技工程具有一定的特殊性，相应的组织协同网络不同于其他工程项目，需要对工程组织协同网络结构形式以及相应的组织间协同关系进行系统、深入的研究，需要对一些定量协同方法进行拓展和创新。

1.4 研究思路

本研究遵循从实践到理论、再从理论到实践的原则，沿着从总到分、从宏观到微观、从整体到局部、从构型到关系、从静态到动态、从模型到模式的总体思路，对重大科技工程组织协同网络管理模式进行研究，具体研究流程如下。

1.5 研究方法

本研究以系统科学思想为指导，采取文献研究与实地调研相结合、专家咨询与群体访谈相结合、定性研究和定量研究相结合、规范研究和实证研究相结合、比较分析和案例分析相结合、归纳法和演绎法相结合的综合研究方法，对重大科技工程组织协同网络管理模式进行系统深入的分析和探讨。

首先，基于文献理论研究、实地调研、专家咨询和比较分析的方法，对近现代国内外典型重大科技工程组织管理的成功经验进行分析以供借鉴，并找出我国重大科技工程组织管理中存在的现实问题，提炼出对应的理论问题，使得问题的研究更加具有针对性。

其次，运用系统工程 V 字过程思路和项目管理工作分解结构方法，基于组织理论、协同理论、网络组织理论，构建重大科技工程组织协同网络模型，并应用复杂性科学和复杂系统理论分析其构成主体、相互间关系和整体构型的复杂性，建立信息熵和结构熵模型来定量评价组织协同网络模型的复杂性，进行比较分析。

最后，结合我国社会主义集中力量办大事的职权特征和市场机制配置资源的契约环境，提出基于职权和契约链接关系的重大科技工程组织协同网络管理模式，定性分析其运行特征和优缺点。基于计算组织方法定量测度和职权链接管理模式的实施组织、网络关系、实施过程和任务环境的抽象概念视图，并给出组织协同网络关系的测度程序，完成对组织协同网络关系的测度；基于博弈理论分析和契约链接管理模式，聚焦于企业实施主体和科技协同创新，给出相应的组织协同网络科技协同创新机制模型和研制分工协同机制模型。

1.6　研究内容

本研究基于系统工程和项目管理方法，融合组织理论、协同理论、网络组织理论，运用复杂性科学和系统理论、计算组织理论、博弈理论，对重大科技工程组织协同网络模型、模式展开研究，共分为 8 章。其中，第 2、3 章回答重大科技工程组织协同网络构建的理论和实践基础是什么；第 4 章回答重大科技工程组织协同网络是什么，即来源于实践的组织协同网络有什么构型和复杂性特征；第 5、6 章回答重大科技工程组织协同网络中链接关系是什么，即网络中组织是如何协同的，对应的管理模式是如何形成和运行的。研究内容概要如图 1.1 所示。

```
   研究方法                    研究流程
┌─────────────────────────┐  ┌─────────────────┐
│文献研究法、专家咨询法、实地调研│─▶│问题提出和研究意义│
└─────────────────────────┘  └─────────────────┘
┌─────────────────────────┐  ┌─────────────────┐
│  文献研究法、访谈、归纳法   │─▶│  文献理论综述   │
└─────────────────────────┘  └─────────────────┘
┌─────────────────────────┐  ┌─────────────────┐
│  比较分析法、定性分析法    │─▶│中美重大科技工程组织管理模式分析│
└─────────────────────────┘  └─────────────────┘
┌─────────────────────────┐  ┌─────────────────┐
│  定量分析法、定性分析法    │─▶│重大科技工程组织协同网络模型构建及复杂性分析│
└─────────────────────────┘  └─────────────────┘
┌─────────────────────────┐  ┌──────────────┬──────────────┐
│  定性分析法、定量分析法    │─▶│基于职权链接的组织协同网络管理模式研究│基于契约链接的组织协同网络管理模式研究│
└─────────────────────────┘  └──────────────┴──────────────┘
┌─────────────────────────┐  ┌─────────────────┐
│实地调研、案例分析法、演绎法 │─▶│载人航天工程组织协同网络管理模式实证分析│
└─────────────────────────┘  └─────────────────┘
┌─────────────────────────┐  ┌─────────────────┐
│         归纳法          │─▶│  研究结论、展望  │
└─────────────────────────┘  └─────────────────┘
```

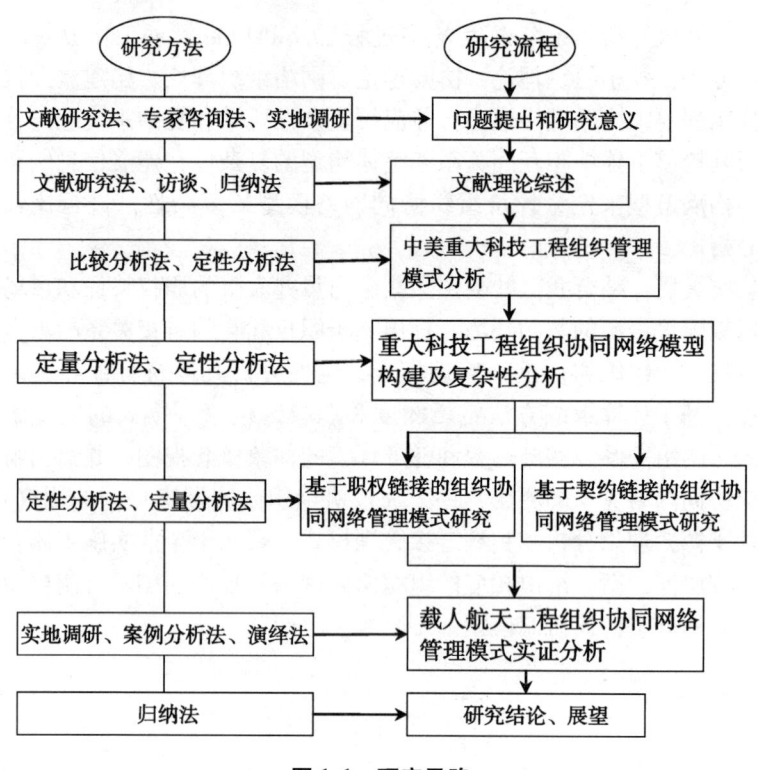

图 1.1　研究思路

第 1 章绪论。通过实地调研和专家咨询发现重大科技工程组织管理中存在的现实问题，提出本研究所要探索的主要理论问题，进而明确研究目的、研究意义，并在相关文献理论综述的基础上，制定研究思路、研究方法、研究内容。

第 2 章基本概念和理论基础。界定重大科技工程的内涵，分析其特点和管理特征，并从不同的角度提出重大科技工程管理模式框架体系，且明确本研究的范围，然后对本研究所基于的项目管理、系统工程、组织理论和方法进行与主题有关的综述。

第3章中美重大科技工程组织管理模式分析。以重大科技工程的立项、实施、评估、验收为主线，考量政府、企业、第三方机构的角色定位，对美国重大科技工程组织管理模式进行分析和总结，探索其中存在的组织协同体制机制，得出对我国有益的经验和启示。对我国典型重大科技工程组织管理模式进行了概要总结和提炼，剖析我国重大科技工程全寿命周期组织管理过程，探讨其中存在的组织协同实践问题，提出针对重大科技工程实施组织管理层面的组织协同网络管理模式的科学问题。

第4章重大科技工程组织协同网络构建及复杂性分析。提出构建重大科技工程组织协同网络的原则，设计重大科技工程组织协同网络模型，并分析其内容，初步提出相应的管理模式，探讨重大科技工程组织协同网络的协同管理的形成、实现、约束过程。分析重大科技工程组织协同网络实体、结构、整体的复杂性，提出定量评价重大科技工程组织协同网络复杂性的信息熵和结构熵模型，对组织协同网络模型进行熵运算。

第5章基于职权链接的重大科技工程（MSTP）组织协同网络管理模式研究。立足于我国社会主义集中力量办大事的职权特征，提出基于权力动因和职权链接关系的重大科技工程组织协同网络管理模式，分析其中职权协同关系和模式形成运行，运用计算组织理论建立基于职权链接管理模式的抽象视图描述，给出组织协同网络关系的测度程序，对组织协同网络关系进行测度。

第6章基于契约链接的重大科技工程（MSTP）组织协同网络管理模式研究。立足于市场机制配置资源的契约环境，提出基于市场利益动因和契约链接关系的重大科技工程组织协同网络管理模式，分析其中的的契约协同关系和模式形成，提炼出模式运行特征以及优缺点，运用博弈理论分析基于契约链接管理模式，给出相应的组织协同网络协同博弈机制模型。

第7章我国载人航天工程组织协同网络管理模式实证分析。

分析载人航天工程系统研制任务分解结构，构建载人航天工程组织协同网络模型，并分析其特有的复杂性，结合载人航天工程组织管理实际分析基于职权链接的组织协同网络管理模式表现，提出我国载人航天工程基于契约链接的组织协同网络管理模式的发展趋势。

第 8 章结论及探讨。在前面研究的基础上，概括总结出相应的研究结论、主要创新点以及研究局限性，并展望未来的研究方向。

第 2 章 基本概念和理论基础

本研究以重大科技工程为研究对象，围绕其组织管理模式进行探讨。那么，什么是重大科技工程，有什么特征，什么是管理模式，在前人研究基础上本研究聚焦于组织管理模式的什么主题，将是本章要回答的问题。本章还对研究所基于的项目管理、系统工程、组织理论和方法进行与主题有关的文献综述，以为本研究的深入开展提供理论依据。

2.1 概念和范围界定

2.1.1 重大科技工程的概念

在现代汉语词典中，"工程"一词（engineering、construction、project）有两个不同的含义，一个含义是指将自然科学的理论应用到具体工农业生产部门中形成的各学科的总称；另一个含义是指用较多的人力、物力来进行较大而复杂的工作，需要一个较长时间周期内来完成，含义同"项目"（project），也是一系列具有特定目标，有明确开始和终止日期，资金有限，消耗资源的活动和任务。所以"工程"和"项目"两个词常常联合在一起使用。在现代社会中，基于工程的第二个含义，"工程"又有广义和狭义之分。就狭义而言，工程的定义为以某组设想的目标为依据，应用有关的科学知识和技术手段，通过一群人的有组织活动将某个（或某些）现有实体（自然的或人造的）转化为具有预期使用价值的人造产品过程；就广义而言，工程的定义为由一群人为达到某种目的，在一个较长时间周期内进行协作活动的过程（王连成，2002）。广义的"工程"规模有大有小，对于大规模工程，一些相关理论文献和政府报告、文件则称之为重大工程、重大项目、重大专项、特大工程、大型工程或超级工程，并且这些词常和"科技"一词联系在一起，如重大科技工程、重大科技项目、重大科技专项、大型科技工程等，至今没有一个公认的明确定义，由于人们所处的立场和角度各不相同，对它的定义和理解便各有侧重，解释也不尽相同。一般认为，重大工程是具有特定发展目标，投入巨大人力、物力和财力，涉及面广，工期较长，规模庞大，效益显著，对社会、经济、军事、科技影响深远的工程项目。

在《国家科学技术奖励条例实施细则》（2009年）中，重大工程是指列入国民经济和社会发展观、投资规模巨大、实施周期长、不确定因素多、经济风险和技术风险大、对生态环境的潜在影响严重、在国民经济和社会发展中占有战略地位的工程[1]。

在《国家中长期科学与技术发展规划纲要》（2006～2020）中，重大专项是为了实现国家目标，通过核心技术突破和资源集成，在一定时限内完成的重大战略产品、关键共性技术和重大工程，是我国科技发展的重中之重，并且《规划纲要》确定了核心电子器件和高端通用芯片及基础软件、极大规模集成电路制造技术及成套工艺、新一代宽带无线移动通信、高档数控机床与基

---

[1] 科技部.国家科学技术奖励条例实施细则［EB/OL］.［2010—11—12］http://www.most.gov.cn.

础制造技术、大型油气田及煤层气开发、大型先进压水堆及高温气冷堆核电站、水体污染控制与治理、转基因生物新品种培育、重大新药创制、艾滋病和病毒性肝炎等重大传染病防治、大型飞机、高分辨率对地观测系统、载人航天与探月工程等16个重大专项[①]。

兰劲松、薛天祥在《重大科技项目的概念、特征与组织》（1999年）一文中将重大科技项目界定为国家科学研究计划中意义重大、规模庞大、耗资巨大、内容涉及广、研究周期较长的科技项目，由服务于某项国家战略目标的一系列技术、产品、产业组成，涉及国家创新体系的各个组成部分[②]。

××院校张顺江教授在《重大工程立项决策研究》（1990年）一书中认为重大工程项目一般是指国家的或省、地区的那些在某一经济部门（交通运输、工业、农业等）或国防部门需要建造的总投资额超过国家规定的某一限额（如数千万元、数亿元以上以致数十亿元甚至上百亿元），对于经济效益、社会效益、环境效益或军事效益影响较明显，而且工程建造周期较长（例如，大型水利枢纽、核电厂、大型油田和钢铁联合企业、公路交通干线和交通枢纽、码头等）工程规模较大的各种建设项目，都属于国民经济建设中的重大工程项目[③]。

钱学森院士在《聂荣臻同志开创了中国大规模科学技术研制工作的现代化组织管理》（1984年）一文中提到："什么叫大规模的科学技术研制工作？首先，什么叫研制？研制是研究、设

[①] 科技部. 国家中长期科学与技术发展规划纲要［EB/OL］. ［2010—11—16］http：//www.most.gov.cn.

[②] 兰劲松，薛天祥. 重大科技项目的概念、特征与组织［J］. 研究与发展管理，1999，11（5）：52—55.

[③] 张顺江. 重大工程立项决策研究［M］. 北京：中国科学技术出版社，1990.

计、试制的缩写，包括科学研究，但目的是出产品，能到达一定预先制订的目的和性能的产品。所以，研制不同于基础科学研究，如果说基础科学研究是为了认识客观世界，那么研制就是直接改造客观世界了。形象地说，基础科学研究是'文的'，研制是'武的'。那么，什么是大规模科学技术研制呢？规模为什么大？因为最终要取得的产品非常复杂，包罗了许多组成部分，而每一个组成部分又由许许多多仪器、组件构成，一个仪器、组件又由许多单元、元件所构成，其中有很多项目需经多次研究试验才能成功。所以，工作量之大，规模之大，就可以想见。为什么要干这样费力的大规模科学技术研制工作呢？原因就是产品的有没有，关系到国家大事。就以导弹、核武器而论，它在今天的世界上，有它或没有它是关系到一个国家的国际地位，关系到国家安危的大事。"

在前述概念的基础上，回顾"两弹一星"、三峡工程、青藏铁路、载人航天一期、探月工程一期等重大科技工程的实践，结合对《国家中长期科学与技术发展规划纲要》（2006～2020）中"大型先进压水堆及高温气冷堆核电站、高分辨率对地观测系统、载人航天与探月工程二三期"等重大工程的认识和理解，本研究从系统科学和组织实施的视角，界定"重大科技工程"(Major Scientific and Technological Projects，MSTP) 一词，特指列入国家科技发展规划，投资规模巨大，实施周期长，面临风险高，涉及单位众多，需要核心技术攻关，对经济社会发展、国家安全、生态环境、国际地位产生深远影响的多层级子系统和产品构成的具有特定目标和功能的复杂工程系统，本质是耗费巨大人力、物力、财力，需要基础研究支撑和核心技术突破，需要多单位协作研造一系列大型设备或建设产品，且往往跨学科、跨领域、跨部门、跨行业、跨层次的复杂巨系统。重大科技工程立足于国家重大战略需求，常常表现为重大科技项目，构成国家科学技术研究发展规划（如863计划、973计划、国家科技支撑计划和中长期科技发展规划等）的重要组成部分，是一个集科学层次的理论问题、技术层次的开发问题、工程层次的产品问题研究于一体的链条，是一类集基础研究、应用研究、技术开发于一体的综合性重大科技项目，不同于企业、高校、研究院所进行的课题研究。

在不同的时期，不同的国家和地区在重大科技工程的判定标准上有所差异。根据不同的分类标准，重大科技工程有不同的分类，如：根据行业性质的不同，重大科技工程可分为工业重大科技工程、农业重大科技工程、能源重大科技工程、交通运输重大科技工程、水利水电重大科技工程、航天重大科技工程、航空重大科技工程等；根据解决问题的领域和使用目的不同，重大科技工程可分为民用重大科技工程、军用重大科技工程和军民两用重大科技工程；根据涉及的主体研究的性质不同，重大科技工程可分为以基础研究为主的重大科技工程（可简称为重大科学工程。此外，由于科学分为自然科学和社会科学，重大科学工程也可分为重大自然科学工程和重大社会科学工程）、以应用研究和技术开发为主的重大科技工程（可简称为重大技术工程）；根据涉及政府部门及产业多少的不同，重大科技工程可分为综合性重大科技工程、专项型重大科技工程；根据企业参与实施的分布情况不同，重大科技工程可分为多元分散型重大科技工程、中心集群型重大科技工程、后期参与型重大科技工程；根据政府投入方式的不同，重大科技工程可分为直接投入型重大科技工程（结果为公共产品）、间接资助型重大科技工程（结果为商业产品）；根据最终一系列主要成果形态的不同，重大科技工程可分为以大型复杂产品类为主的重大科技工程（如"两弹一星"工程、载人航天工程、大飞机工程等大型航天航空飞行器研制工程）、以复杂建设为主的重大科技工程（如大型水利水电建设工程）。由于重大科技工程涉及的范围非常广泛，本书聚焦于以应用研究和技术开发为主的大型复杂产品类重大科技工程，以此为切入点进行深入研究。

2.1.2 重大科技工程的特征

重大科技工程研发工作比例大，尖端技术多，涉及国家发展和安全战略全局，具有很强的战略性，具有与其他重大科技工程不同的一些显著特征。综合专家咨询和文献研究成果，重大科技工程的典型特征主要表现在以下几点。

1. 国家行为性

重大科技工程在国家现代化建设中占有非常重要的地位，对政治、经济、社会、科技、国防等有着巨大的战略作用，反映了一个国家的综合实力，它的规划和立项决策涉及国家发展战略，需要从国家发展战略全局的高度来实施，因而重大科技工程由国家最高层行政机构来决策实施，是一种决策层次非常高的准公共性工程，并且在重大科技工程实施过程中，政府起主导作用。

2. 科技攻关性

重大科技工程具有知识高度密集、科技高难度和产品高质量等特性，是多种知识的综合、集成和发展。它以前沿性、系统性的理论为研制基础，以先进性、创新性的技术为研制手段，以科技攻关为先导，并广泛采用世界上最新的高科技，是当今世界上最新科学和高新技术的结晶，且体现专业技术的多学科性、技术性能指标的先进性、技术参数的相关性、研制过程的阶段性、产品组合的配套性等。它需要众多领域的科技人才，涉及众多学科门类，并且各学科之间高度融合，需要集中进行关键核心技术攻关。重大科技工程研制周期长，还要在研制过程中对技术状态进行实时的跟踪和监测、对技术发展趋势进行有效的评估和预测，否则难以达到预期目标。

3. 系统集成性

重大科技工程是一项涉及经济、社会、科技等许多领域的工程系统，是一个由许多相互制约和相互影响的分系统、子系统（子工程、子项目）乃至零部件综合集成的复杂系统，工程系统结构复杂，有一系列产品实现要求。要使系统效益全面发挥，必须全部完成各子工程和相应的配套工程，有时还有涉及系统外的一些工程。在整个工程进行阶段，除了技术协调之外，还有人力、财务、物资、设备等的组织、指挥、协调工作，任何一个环节的疏忽，都会给整个工程带来不可弥补的损失。

4. 巨大投入性

重大科技工程规模庞大，以高新知识、高新科技和高智力为依托，这就要求有巨大的智力投入、高新设备投入、高新技术投入等一系列资源高投入。因此，必须利用有限的人、财、物资源，抓住关键领域，选择能够迅速提升国家核心竞争力的重大战略项目。

5. 高度复杂性

重大科技工程具有结构高复杂性、技术高复杂性、环境不确定性和高复杂性、风险评价与控制的高复杂性、效益评估与判断的高复杂性、组织管理的高复杂性，各种复杂性之间的相互关系错综复杂。因此，必须准确识别和定义工程的复杂性，研究复杂性的度量、预测和评价方法，并基于复杂性科学、复杂系统理论等来研究重大科技工程管理中的策划与调控方法。

6. 高度风险性

重大科技工程具有开拓性，探索性强，未知领域多，投资额大，资金流量多，实施周期长，不确定因素多。因此，经济风险和技术风险都比较大，且各种风险之间相互关系错综复杂，非常集中，这种高风险性是其他工程所无法与之相比的。工程对国民经济和社会发展又具有重大影响,稍有疏忽,就会造成难以弥补的损失,且这些后果往往又难以预测和评估。

7. 产业关联性

重大科技工程具有较强的产业关联度,其研制与很多工业密切相关。重大科技工程研制将带动相关的国民经济中的上下游产业做相应的规模扩张,从而使重大科技工程投资在整个国民经济中产生投资"乘数效应"。不少经济学研究表明,在市场经济体制下,重大科技工程投资本身也是一种生产性投入,其投资乘数、地区乘数、就业乘数并不低于一般工程项目,而且重大科技工程对国民经济部门的溢出效应非常高。同时,重大科技工程具有极其重要的产业集聚和辐射作用,是转换经济发展方式的有效途径,具有重大的社会经济价值。重大科技工程成果面向产业化,局部跃升能够带动相关产业发展。所以,重大科技工程投资可以促进提升一个国家的整体科技产业基础。

8. 军民融合性

重大科技工程研制体系和机制存在着军民双向转化的潜在性和可能性,重大科技工程不但和国民经济紧密结合,还能对军事前沿变化有充分的影响能力。在技术上,重大科技工程能体现出非常强的军民两用性。实际上,民用技术与军用技术紧密相联,拥有一个统一的、共同的知识基础;技术在民用与军用中有许多重合的部分,可以认为任何民用工业都包含潜在的军事应用潜力。因此,为了兼顾安全效益和经济效益,各国纷纷探索重大科技工程的军民相互转换、高度灵活的军民融合体制[1][2]。

---

[1] 贺新闻,侯光明. 基于军民融合的国防科技创新组织系统的构建 [J]. 中国软科学. 2009.11.

[2] 贺新闻,侯光明. 从军民融合的视角看国防科技工业的"三化"融合发展 [J]. 中国软科学. 2010.10.

2.1.3 重大科技工程管理的特殊性

重大科技工程管理是指将工程作为复杂性系统，运用系统工程的思想，采取项目管理的方法和技术，组织工程系统的立项、基础研究、应用研究、试验开发到技术成果商业化，以最优化计划、最优化设计和最优化控制实现工程战略目标的过程。重大科技工程管理具有如下基本特点。

1. 计划的全面性

把重大科技工程看成一个完整的系统，需要进行顶层计划（规划），并依据系统论"整体—分解—综合"的原理，将系统分解为很多子系统，分别制订一系列子计划，设置相应的子目标、子任务，由责任者分别按子计划完成子目标和子任务，然后汇总、综合成最终的成果。这样，针对重大科技工程，就形成了一个全面的自上而下的庞大计划体系，子计划对总计划负责，管理者只有按照总计划、子计划实施严格管理，才能实现工程的目标。

2. 过程的周期性

从政府投资管理的角度来划分，重大科技工程一般包括4个阶段，即工程的规划和决策、工程的准备和论证、工程的实施和评估、工程竣工验收和总结评价。每一阶段的结束就是下一阶段的开始，并为下一阶段奠定基础，而下一阶段又与上一阶段紧密相联，深化上一阶段的工作，补充上一阶段不足，最后一个阶段又与新工程的探讨、设想相联系，使工程形成一个完整的周期性、程序化的循环圈。重大科技工程每实施一个子工程项目也要经历这样一个完整而比较复杂的循环程序，即从开始到结束的周期性过程。在重大科技工程周期性、程序化的过程中强调部分对整体负责，管理者只有对过程的每个阶段实施严格管理，才能实现工程的目标。

3. 组织的协同性

重大科技工程的管理是一个综合性的跨组织的过程管理，需要建立专门的工程总体组织进行集权领导和完善有效的分权机制进行协同管理。重大科技工程的复杂性随其范围不同而变化很大，所涉及的学科、专业技术种类也非常多。重大科技工程涉及主管部门、设计单位、科研单位、制造单位、配件供应单位、检查验收单位等，这种工程活动主体的多元性必然要求职责的分解到位和有效的跨组织协同。在工程实施过程中可能出现的各种问题多半是贯穿于各组织部门的，要求这些不同的部门做出迅速的相互关联、相互依存的反应。为了强化协同和控制职能，重大科技工程设立一个专门的总体组织机构，以直线职能式结构和矩阵式结构的混合结构来组织管理工程，这样有利于组织各部分的协调和控制，在保证多层次分目标实现的基础上，促进工程总体目标的实现①②③。

4. 因素的未知性

每一个重大科技工程都具有各自的特点、目标和科技、管理的创新性，在管理中有很少的传统经验可以借鉴，有很多未知的影响因素在起作用，每一个影响因素又具有不确定性，因而管理重大科技工程既要发挥创造性又要承担风险，在继承前人管理知识、经验、成果的基础上，借助科学技术工具、手段和方法，创

---

① ［美］S. M. 辛诺斯. 王连成译. 系统工程和管理指南［M］. 北京：国防工业出版社，1982.

② ［美］B. S. 布兰查德. 工程组织与管理［M］. 北京：机械工业出版社，1985.

③ 丁荣贵. 项目组织与团队［M］. 北京：机械工业出版社，2005.

造多因素影响下解决问题的途径①。

5. 控制的复杂性

重大科技工程常常涉及地理范围广且分散，甚至全省、全国。每个重大科技工程都由多个部分组成，需要运用多种学科的知识来解决问题，而且要求工程在进度、质量、成本等较为严格的约束条件下实现各个工程的不同目标，这就决定了重大科技工程的管理控制是一项十分复杂的工作，其复杂性远远高于一般性的管理控制。这就更加有赖于建立并完善全方位、全过程、全员参与的有效的重大科技工程管理控制机制，而不是仅仅依靠有限的管理人员进行直接大范围的局部控制。

2.1.4 重大科技工程管理分析框架体系

本研究是一个国家自然科学基金项目和两个国家软科学研究计划项目的部分研究内容。在此，对重大科技工程管理模式的理论分析框架体系进行总体分析和构建。模式定义为事物的标准样式，或具有代表性的样品。它是一种比较抽象的概念，是指对某种组合方式的抽象图式。管理模式是指管理的各个要素之间相互关联、彼此制约而形成的某种组合方式的抽象图示。重大科技工程管理模式，也就是重大科技工程管理中出现的各个要素之间相互关联、彼此制约而形成的某种组合方式的抽象图示。研究和比较重大科技工程的管理模式，对重大科技工程的管理和政策的制定及科技的发展有重要的意义。不同行业类型和使用性质的重大科技工程有不同的管理模式，如有工业、农业、能源、交通运输、水利水电、航空、航天、军用、民用、军民两用重大科技工

---

① 倪健. 基于重大科技项目的管理创新研究 [J]. 中国科技论坛, 2006 (5): 36—37.

程的管理模式；从管理的不同层次看，重大科技工程有高层、中层、基层管理模式或宏观、中观、微观管理模式；从管理的过程看，重大科技工程有不同阶段、环节的管理模式，如论证、立项、设计、建造、验收及运营管理模式；从管理的职能看，重大科技工程有计划（时间、进度）、组织、指挥、协调（沟通）、控制（评价、监督、监理、治理）、决策、创新管理模式；从管理的领域看，重大科技工程有战略管理、文化建设、人力资源管理、物流（采购）管理、生产（制造、建造、施工）管理、质量管理、财务（成本、费用）管理、风险管理、信息管理、研发（技术创新）管理等模式；从管理的主体看，重大科技工程涉及政府、企业、大学、科研机构及国际合作，又有相应的管理模式；从不同角度看，重大科技工程还有一些管理模式，如集成管理模式、供应链管理模式等。重大科技工程管理模式可以从整体到局部进行自顶向下的逐级细分，同时不同的管理模式之间相互交叉、融合和集成。这些管理模式构成了重大科技工程管理分析框架体系，如图 2.1 所示。尽管历史上国内外一些重大科技工程的实施形成了系统工程的工程过程管理模式和项目管理的工程领域管理模式典范，但由于重大科技工程研制极其复杂，涉及前沿科技攻关非常艰难，并且我国正处于计划经济向市场经济转轨当中，全面的重大科技工程管理模式仍处于不断探索和发展之中。因此，当前我国正在组织实施的国家科技重大专项迫切需要较为完备的重大科技工程管理模式予以保障。

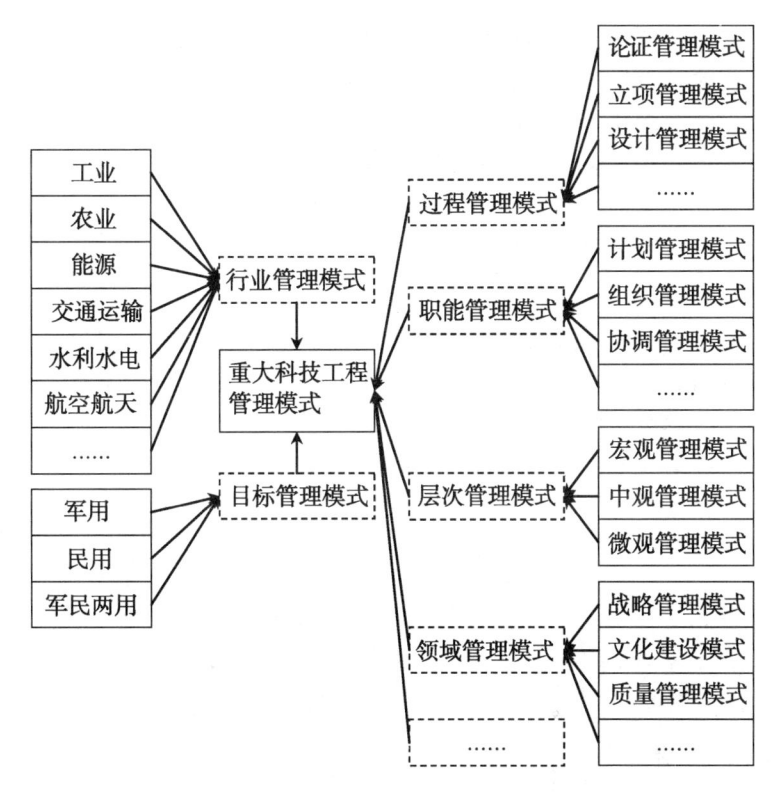

图 2.1　重大科技工程管理分析框架体系

2.1.5　重大科技工程组织协同网络研究范围

通过对专家深度访谈和实地调研，目前重大科技工程管理中组织间协同问题最为突出，因此本研究选取重大科技工程管理模式框架体系中的组织管理模式部分为立足点，重点对工程组织协同网络进行深入研究，如图 2.2 所示的网络是按照一定拓扑结构连接在一起的多个节点和链路的集合，也是从同类问题中抽象出来的可用数学中的图论来表达并研究的一种模型。组织协同网络属于组织管理模式的范畴，是指围绕共同目标的各个组织之间相互联系和合作而构成的网络。本书所进行的重大科技工程组织协同网络研究属于重大科技工程组织管理模式研究的内容，重点探讨重大科技工程所涉及的成百上千家组织之间相互联系形成的直线型和矩阵型兼备的集成化结构形式以及相互合作的过程和方式，并且针对民用领域各行业重大科技工程的协同共性，贯穿于重大科技工程的全生命周期过程，涉及重大科技工程组织管理的诸多方面，联系重大科技工程自身的特殊性和我国计划经济向市场经济转轨的特定环境，以载人航天工程为范例进行剖析。同时，主要调研历史上的大型复杂产品类工程和现今正在实施的国家科技重大专项，根据相关资料和数据进行分析。

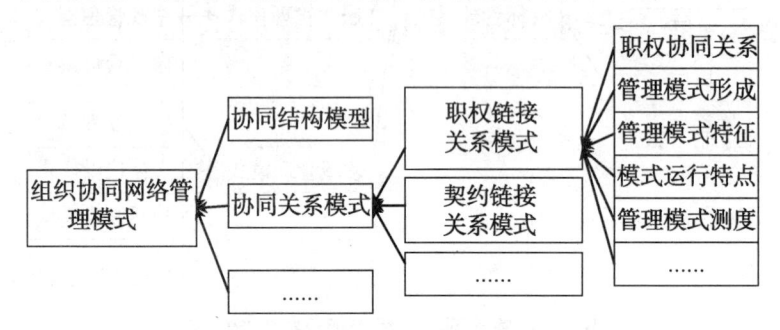

图 2.2　重大科技工程组织协同网络研究范围

2.2　项目管理理论基础

现代项目管理始于 20 世纪 40 年代，典型应用案例是美国军方研制原子弹的曼哈顿计划。项目管理是管理科学的一个重要分支，它为项目成功实施提供了一种有效的方法和手段，因而被广泛应用于西方发达国家的大型项目管理中，学术界对项目管理理论的研究也逐渐成熟。项目管理不仅是实现项目既定目标所开展的项目计划、组织、领导、协调、控制等管理活动，还是一种管理思想、观点和理念，强调在时间、资源、质量等诸多因素的约束下，运用科学理论和方法对项目进行全面的管理，实现项目的目标。

2.2.1 项目管理过程和组织结构形式

1. 项目管理过程

项目管理过程是产生项目结果的行动序列，包括五个基本管理过程：启动、计划、执行、控制、收尾。这五大过程阶段之间是一种前后衔接的关系。一个过程阶段的输出就是另一个过程阶段的输入。有时是单向的，而有时是双向的。各个项目管理过程阶段之间有文件和信息的传递，并且项目管理的每个过程又包含一个或者几个"启动—计划—执行—控制—收尾"的循坏，周而复始地循环多次，直到实现该过程阶段的要求，才能顺利完成该阶段收尾，为下一过程阶段准备好可交付的成果，如图2.3所示。另外，项目管理的各个过程阶段在时间上并不完全是一个完成以后，另一个才能开始，各个过程阶段会有不同程度的交叉和重叠。

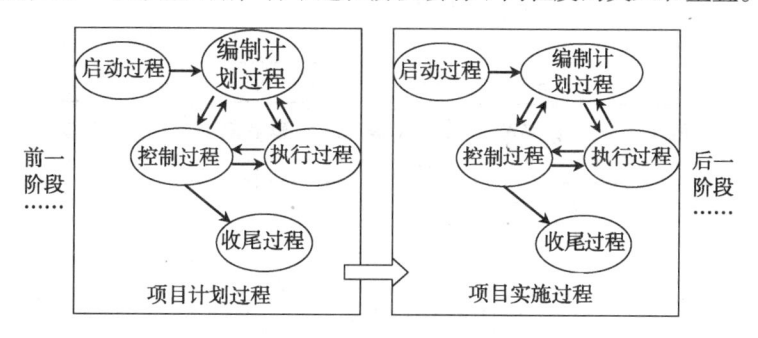

图 2.3 项目管理过程之间的关系

2. 项目管理组织结构形式

最常见的项目管理组织结构是职能型、项目型、矩阵型。"项目管理知识体系指南"（PMBOK2000）中又将矩阵型组织分为弱矩阵、平衡矩阵、强矩阵型，见表2.1。

表2.1 项目组织及其对项目的影响组织形式

组织形式 项目特征	职能型	矩阵型			目型
		弱矩阵	平衡矩阵	强矩阵	
项目负责人权限	很小	有限	从低到中等	从中等到高	很高或全权
全职工作人员百分比	几乎没有	0~25%	15%~60%	50%~95%	85%~100%
项目负责人	兼职	兼职	全职	全职	全职
项目负责人头衔	项目协调员	项目协调员	项目经理	项目经理	项目经理
项目管理行政人员	兼职	兼职	兼职	全职	全职

（1）职能型组织。职能型组织有着明确的等级划分，每个员工都有一个明确的上级，员工高度依赖其专长且在相应的职能部门中工作，如图2.4所示。

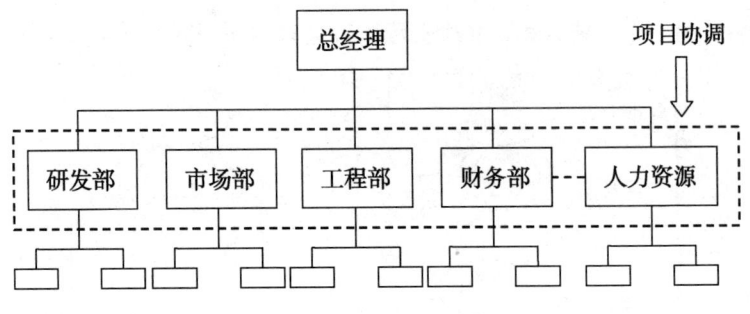

图2.4 职能型组织结构

（2）项目型组织。在这种组织中，项目经理对整个项目拥有完全的权力并具有独立性，不仅分配工作任务，而且进行业绩

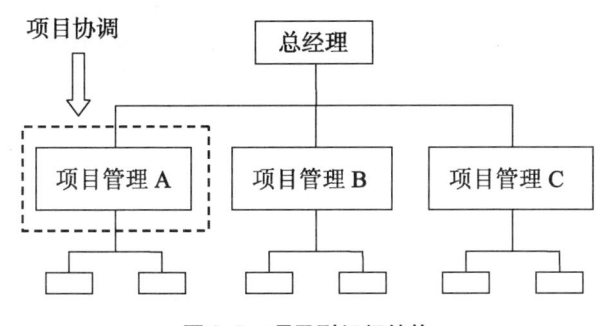

检查。项目型组织配置项目所需要的所有资源如图 2.5 所示

图 2.5 项目型组织结构

（3）矩阵型组织。"矩阵式管理"是美国加州理工学院天体物理学系 F·茨维基教授××年发明的，正是这样一种通过建立系统结构解决问题的创新方法，后来被推广成为激励创新的一种管理方法。矩阵式结构将职能部门的专家们分配到一个或者多个由课题负责人领导的课题中工作。它的特点表现在围绕某一项专门任务成立跨职能部门的专门机构上，例如组建一个专门的技术攻关小组去从事新产品开发工作，在研究、设计、试验和制造各个不同阶段，由有关部门派人员参加，达到资源共用共享、统一协调各个有关部门的目的，保证工作任务的完成。组织结构形式是固定的，而人员是变动的。项目小组和负责人也是临时组织和委任，任务完成之后就解散，有关人员回原来单位工作。

矩阵型组织是为了最大限度地利用组织中资源和能力而发展起来的。它是职能型和项目型的混合，既具有项目结构注重项目和客户的特点，又保留了职能结构中的职能专业技能。矩阵型组织通过项目管理和职能管理共同分担责任来建立一种协作机制。项目经理对项目成功负有全部责任，但另一方面，职能部门有责任和义务为项目提供最好的技术支持，如图 2.6 所示。

```
        ┌─────────┐
        │ 总经理  │
        └────┬────┘
   ┌─────┬───┴──┬─────┐
   │     │      │     │
┌─────┐┌─────┐┌─────┐┌─────┐
│研发部││工程部││财务部││其他 │
└─────┘└─────┘└─────┘└─────┘
```

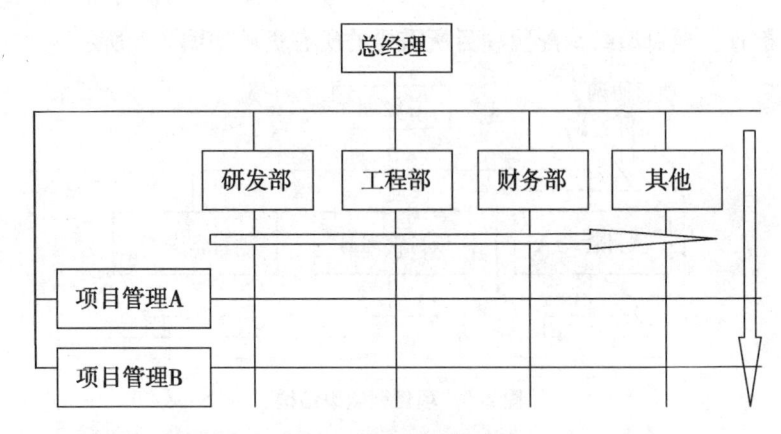

图 2.6　矩阵型组织结构

矩阵型组织进一步分为弱矩阵、平衡矩阵、强矩阵的一个主要因素是职能部门经理与项目经理之间的权力平衡。从一般项目组织结构形式的比较中可看出，矩阵型组织将职能型管理和项目型管理两种结构的优点组合起来，可以用一种有效成本的方式在时间与进度限制之内获得最多的收益。与传统结构相比，矩阵式结构更受团队成员欢迎，能够更有效地实现目标。国际上许多大型企业的项目管理都采用这种结构。

重大科技工程一般属于大型项目，其跨学科、跨专业的复杂系统工程特点，更适于采用矩阵式结构的组织形式。但在实际中，其结构形式比一般情况要更加复杂。一般项目的矩阵形式是一个二维系统，每一个项目都代表一个可能的利润中心，各职能部门则代表成本中心。而对于拥有多个事业部的大型公司或者多个分部的事业部，矩阵形式不再是二维的，而是多维的。

在多维矩阵中，实际还存在着矩阵的嵌套，即在矩阵当中又建立一个矩阵结构，如公司（或者事业部）有一个总的矩阵，而每一个部门也有自己的内部矩阵。随着公司规模的扩大和项目的增多，当总经理逐渐难以胜任作为所有项目集中点的角色时，就要对矩阵式结构进行一定的修正，在所有项目经理所处的纵向上方设立大型项目总监，以对多个项目进行监督和资源平衡。这种多维嵌套和修正的矩阵式结构，反映出公司和项目的规模。尽管非常复杂，但只要维持良好沟通，建立起健康且有效的权力平衡，所有矩阵是能够正常运作的。在多项目组织管理模式中，没有哪两种工作环境是完全一样的，并有着完全一模一样的矩阵设计。

由此可见，选择了适当的项目管理组织结构模式并不能完全解决问题，管理问题还要从管理实践中逐步摸索来解决，如表2.2所示事实证明，先进的管理模式配合持续的项目流程再造，是现代项目管理演化的必由之路。

表2.2 各种组织类型的优缺点

组织类型	优点	缺点
职能型组织	结构简单，直线管理，员工只向一个上司汇报； 职能明确，注重利用每个职能的专业技能项目人员在其职能部门工作，可不断提高专业技能； 沟通简单，信息传递较快； 有明确的职责和权力，易于授权和协调	过分注重职能和专业，难以建立职业项目管理队伍； 没有明确的对外负责人，不容易实施面向客户的项目； 难以拓宽项目人员的综合能力，使之只能适应内部项目； 跨部门的项目沟通困难； 项目经理很少或根本没有权威

续表

组织类型	优点	缺点
矩阵型组织	项目目标和责任明确，项目经理负责与客户直接沟通； 有利于培养有能力的项目经理； 改进资源利用率，多个项目可以分享稀缺资源； 改进的协调工作可以得到各个职能部门的更多支持； 信息流动良好	结构复杂，比职能型组织或项目型组织更难监控； 双重责任和汇报关系，难以平衡权力； 有时也会产生责任和权力不协调的问题； 职能部门可能不会将其最好的资源提供给项目； 对问题的反应更快，但涉及很多成员时，做决策可能要很多时间
项目型组织	组织简单，任务、权力、责任关系明确； 项目管理有充分的权利，资源控制较好； 团队合作较好，能发挥团队的积极性和创造性； 所有项目队伍直接向项目经理汇报沟通，保证项目更有效地执行	运行成本较高，需要大量的程序和制度保证运作； 项目结束后，项目成员无家可归； 项目经理的能力对项目型组织的影响很大设备重复，资源利用率不高； 对技术状况等考虑较少，没有长远目标

2.2.2 项目管理的发展现状和趋势

1. 项目管理的发展现状

经过50多年的实践探索、总结提升和理论完善，目前项目管理已经形成一套独特而完善的科学体系与实用方法。其发展现状具体体现在以下几个方面。

（1）各种项目管理组织应运而生。世界各个项目管理学术组织的成立是项目管理学科从经验走向科学的标志。国际上具有代表性的组织有：①国际项目管理协会（IPMA），是国际上成立最早的项目管理专业化组织,已成为项目管理国际化的主要倡导者;②美国项目管理学会(PMI),在推进项目管理知识和实践的普及中扮演了重要的角色。

(2)项目管理知识体系日渐成熟。各个国家正在广泛开展"项目管理知识体系"的研究,已有美国、英国、德国、法国、澳大利亚、中国等数十个国家建立了自己国家的项目管理知识体系,并且正在探讨全球项目管理知识体系的概念。

(3)项目管理专业化。国外的大学、研究机构已开设了"项目管理"专业,可以授予学位,我国许多高校在研究生培养方面也已确立了项目管理研究方向。国内外项目管理的研究者和实践者针对这种学科发展及市场需要,编写了大量的项目管理专业书籍。中国项目管理研究委员会也推出了《中国项目管理知识体系与国际项目管理专业资质认证标准》。

(4)项目管理成为一种职业,带动资质认证和培训的盛行。在西方发达国家,职业项目经理人已经成为人才争夺的热点,从而导致项目管理人员的专业资质认证热和项目管理培训热,一方面是面向社会的公开课程培训,另一方面是面对企业内部的专业培训。

如上所述,项目管理概念已被广泛接受,应用于工业、建筑、军事等各个领域中。但项目管理也并非万能,是否需要采用项目管理方式以及项目管理是否能够发挥积极的作用,取决于有关技术复杂性、组织相互关系、公共团体或用户需求以及其他一些应考虑的因素,如:任务必须是单一的、可辨识的;任务是复杂的、具有风险的,有赖于组织和技术的相互依存;任务的完成需要多个职能部门的同时协作配合;任务具有明确的生命周期和终止日期。在应用项目管理的同时,也容易产生以下一些问题。

(1)容易形成项目和职能部门之间职能及功能的重复:既可能出现多重管理,也可能出现职能组织和项目组织都不管的现象。

（2）项目管理人员过分注重目标实现和项目管理方法、工具的应用，而忽视激励员工及其个人成长和职业发展。

（3）项目管理生命周期的限定使得项目组成员关注项目完成和交付，而对项目移交后能否有效运行关注有限。

（4）单一的项目管理模式有可能导致组织政策应用的不一致。

（5）由于相对优先权的改变，项目之间人员流动频繁。

总之，应用传统单一项目管理模式已经不能满足当今复杂项目的要求，需要对其进行变革，并处理好多方面的问题。近年来人们开始关注组织级项目管理研究。它以组织发展战略、资源有效配置和项目之间、项目与部门之间的协调为目标，对组织范围之内的所有项目进行管理，注重各接口的沟通，保证了项目和组织目标的一致性。此外，各学科领域的专家积极探索本学科在项目管理中的应用已经成为一种发展趋势。这不仅极大地促进了项目管理的日趋成熟，且使项目管理学科体系的建设逐步向实用化发展。

2. 项目管理的发展趋势

（1）项目管理应用范围扩大。

20世纪90年代以来，项目管理的应用迅速扩展到所有的工业领域（行业），应用范围从单一项目环境扩展至整个组织环境，有些项目管理从单一项目管理转变为多个项目管理，或一种项目的组合管理。

（2）从偏重技术管理到注重人的管理。

项目管理重点开始从偏重技术管理转移到注重人的管理，从简单的考虑工期和成本控制转移到全面综合的管理控制，包括项目质量、范围、风险、团队建设等各个方面的综合管理。以前，项目管理过分强调技术，如建筑业，过去有技术方面的经验就可以胜任项目经理的工作,现在要求项目管理者和项目成员不再只是项目的执行者,他们还要能胜任更为广泛的工作,他们被要求掌握更广泛的专业技术、经营管理知识和技能。

(3) 项目管理被作为组织结构扁平化的解决方案。

项目管理作为一种新管理模式,可调整原来非常臃肿的纵向职能部门管理或类似军事化的组织结构,使之变成一种更有效率、扁平化的组织。20 世纪 90 年代以来,国家间、企业间的竞争越来越激烈,一个组织管理效率的高低直接影响这个组织的生存或者企业的经营效益。在这种情况下,项目管理被看作一个可用来应对激烈竞争环境的解决方案。

2.3 系统工程理论基础

20 世纪 40 年代提出的一般系统论不仅开拓了从自组织理论到复杂性科学的广泛研究领域,还与第二次世界大战后的重大国防和航天计划一起推动了系统工程方法的研究和实践。这项系统技术几十年来迅速由国防和航天领域扩大至民用高技术领域,今天已成为世界范围内大型复杂技术项目中系统开发不可或缺的组织和管理方法。系统工程从需求出发,综合多种专业技术,通过分析、综合、试验、评价的反复迭代过程和一系列逻辑相关的活动和决策,把用户需求转化为一组系统性能参数和一个适当系统配置,开发一个满足系统全生命周期使用要求、总体性能最优的系统。

2.3.1 系统工程过程

系统工程过程是一个全面综合、循环递进、反复迭代解决问题的过程。它将需求转化为系统规范的体系结构和技术状态，解决设计问题，跟踪设计工作中各个要求的来龙去脉，是系统工程组织管理的核心。它包括四项主要的活动：需求分析、功能分析与分配、设计综合、试验与验证。各个活动通过系统分析和控制实现综合平衡。通过多次使用，产品要素说明变得更详细，且保障了随后的系统工程设计循环，最后输出所有系统要素的生产准备文件。

通过大量的工程实践，总结提炼出一些系统工程过程模型，用来描述系统研制及管理的逻辑顺序和步骤。国际上，主要有3种模型："V字"过程模型、"瀑布"过程模型和"螺旋"过程模型。

（1）"V字"过程模型是由 Forsberg 和 Mooz 提出的，是工程周期技术方面的模型。"V字"图左侧代表从用户需求出发，自上而下地从系统、分系统到部件的层层分解和定义活动。图2.7 的右侧则代表部件和分系统自下而上地进行集成和试验，最后得到经过验证的系统，如图2.7 所示。

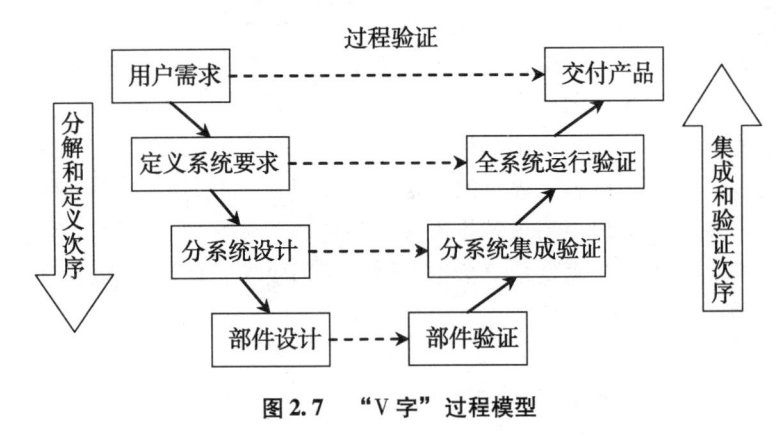

图 2.7 "V字"过程模型

（2）"瀑布"过程模型由顺序排列的定义、设计、实现、测试评估阶段组成，每一个阶段完成一定的任务，前一阶段完成之后进入下一个阶段。在系统定义、子系统定义、初步设计、详细设计阶段都有正式的文档产生。这些文档被分发给设计者、用户和开发商，以使大家在每一个步骤保持一致。模型中每一步都采用基线控制。不经过规范的程序，每一步的需求分析和设计在后续的开发过程中不能被随意修改。在详细设计的后续阶段中，一系列小的硬件和软件单元将被实现、测试、集成为一个大系统并通过验证，如图 2.8 所示。

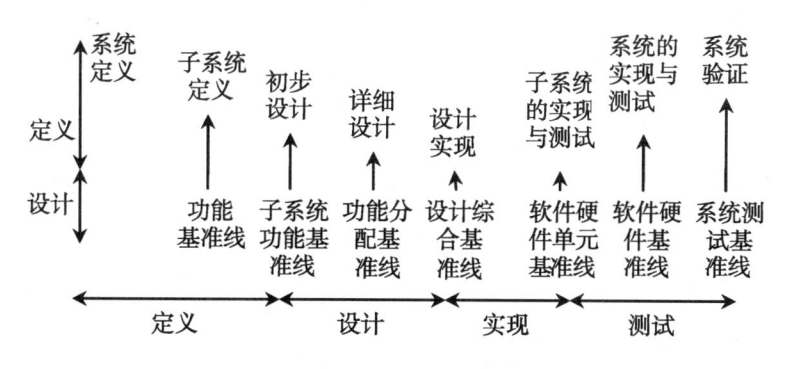

图 2.8 "瀑布"过程模型

（3）"螺旋"模型是由 Barry Boehm 在吸取瀑布模型优点的基础上提出的，本质是分阶段的演进式模型，即按照瀑布模型首先将系统工程分成多个阶段，然后在每一个阶段开发"原型"，以有助于实现阶段目标，在某一个阶段不断演化并得到阶段确定后进入下一个阶段，从而实现螺旋式上升。

2.3.2 国内外系统工程发展现状

1. 国外系统工程发展现状

(1) 系统工程标准体系日趋完善。美国 NASA 已经建立了规范性的航天器设计指南和技术标准体系。目前，NASA 又启动了一个技术标准计划，将要通过吸收非政府标准、开发新标准、共享国家及国际标准来进一步完善系统工程标准体系；欧洲空间标准化合作组织（ECSS）在 ISO、NASAESA/PSS 以及各航天公司的标准基础上，形成了系统、全面且不断更新的系统工程标准体系，使航天器系统工程实施都可以找到完备的技术依据和活动程序参照。

(2) 系统工程支持能力日渐提高。NASA、ESA 等机构都开发和应用了航天器系统设计与仿真平台，并组建协同设计机构，为各类复杂大型任务的系统级设计分析仿真提供了较为全面的支持。例如，由 NASA 开发的先进系统工程环境系统和飞行器仿真系统等技术较好地实现了对系统工程的支撑能力。

(3) 系统工程长效机制日益完善。纵观国外各类系统工程技术发展，可以发现，系统工程技术能力的突出优势主要体现在：已经形成并进一步优化系统工程技术活动的规范工作程序；随着科学技术的发展，不断增强系统工程的应用平台和仿真试验支持能力；形成了充分利用研制经验对系统工程能力不断丰富与完善的长效机制，并具有长期的发展规划与部署。

2. 国内系统工程发展现状及其薄弱环节

我国系统工程研究可追溯到 20 世纪 50 年代。1958 年，钱学森的《工程控制论》（中文版）出版，奠定了我国系统工程的理论基础。20 世纪 60 至 70 年代，"两弹一星"等国家重大工程项目开始系统工程方法的摸索与实践。1978 年，钱学森所著的

《组织管理的技术——系统工程》系统地描述了系统工程的主要工作内容，掀起了我国系统工程全面探索的热潮。20世纪80至90年代，航天器型号工程工程设立总指挥、总设计师两条指挥线，明确总指挥作为航天器型号负责人，型号系统工程进一步得到发展。20世纪90年代中期以来，中国航天系统工程处于全面发展的阶段。在经历对外发射服务出现多次重大挫折的现实面前，我国航天专家进行了深刻思考，采取了加强系统工程特别是质量管理的一系列重大举措，形成诸如"重心前移"、"从源头抓起"、"一次成功"的系统工程管理思想及"72条"、"28条"、"80条"、归零"双五条"、技术状态更改"五条"、元器件管理"五统一"等一系列方法和规范，这些思想和规范是航天系统工程走向规范，并从系统工程的角度认识和把握工作的重要成果。

回顾我国系统工程50多年的发展历程，虽然取得了大量的系统工程理论和实践成果，形成一定的系统工程技术体系，具备较高的系统工程技术水平，但是与国外相比，我国在系统工程技术能力、系统工程标准规范等多方面都还存在着明显的差距和不足，具体体现在以下三个方面。

（1）系统工程技术尚未形成完整的标准规范体系。尽管国内一些企业都围绕自己的业务领域形成了系统工程标准体系，但是还很不完善，突出表现在没有覆盖系统工程的全生命周期关键活动，如系统工程前端的任务分析以及后端的测试与运行管理标准等不系统、不全面。此外，没有对系统工程规律、方法和体系进行持续研究，进而形成对系统工程有长效支持的机制。

（2）系统工程技术手段还不完备。国内已经研究开发了多类面向系统设计、验证、在线支持的系统设计和仿真系统，具备演示功能，但是与工程实用还有差距，不能有效地支撑全系统集成设计与仿真。此外，我国企业还没有成立真正意义上的协同设计部门，无法在协同机制和协同平台支持下高效开展多类项目的协同设计工作，尤其是总体方案协同设计工作。

（3）系统工程实施经验总结和应用不足。我们还没有系统地对50多年的系统工程实践的成功经验和失败教训进行总结、提炼和提高，进而建立起规范的、完备的系统工程标准和手册。随着富有经验的老一代专家逐渐离开岗位，将面临着系统工程经验流失、系统工程人才严重短缺的现实问题。

针对当前及未来对系统工程技术发展的要求以及国内系统工程技术发展的薄弱环节，我国系统工程未来发展态势应该是加强系统工程标准体系研究，加大系统工程标准规范地建设力度，提供系统工程各项活动执行依据，加强系统工程理论创新研究以及系统设计专业技术综合研究，持续开展国内系统工程经验总结和国际系统工程技术跟踪调研，形成促进系统工程技术发展和系统工程能力提升的重要理论基础、技术支撑，通过系统工程研究组织体系完善、系统工程师队伍培养和发展机制健全来保障系统工程技术的持续研究和长效发展。

2.4　组织理论基础

组织理论是基于一定的假设和企业组织历史经验的一系列解释和陈述，描述企业组织要素、组织关系、组织结构、组织绩效及组织演进等内在的规律，是进行企业组织创新、提升企业组织绩效的理论基础和依据。系统的组织理论从20世纪初开始形成以来，已经历了古典组织理论、行为科学与决策组织理论、系统组织理论、种群生态理论、资源依赖理论、交易费用理论、制度理论和组织文化学派的发展历程①，如表 2.3 所示。目前，组织理论仍处于不断的发展和完善过程中。

表 2.3 企业组织理论流派的演进

理论	流派	系统观	关注焦点
古典组织理论	科学管理学派 行政管理学派 官僚体制学派	封闭	组织结构的设计、组织运行的基本原则和组织中管理的基本职能
行为科学与决策组织理论	行为科学学派 科学决策学派	封闭 开放	组织中的社会心理系统以及人的行为；因素的作用
现代组织理论	系统组织理论 种群生态理论 资源依赖理论 交易费用理论 制度理论 组织文化学派	开放	组织系统与权变； 选择与环境适当匹配的组织形态； 组织内部的权力配置以及应对环境突发事件的方式； 用交易费用解释组织的存在和运作； 影响组织行为的一系列无形的规范和价值观； 组织文化对组织行为的调控作用

2.4.1 组织理论的发展历程

1. 古典组织理论

古典组织理论形成于 20 世纪初至 30 年代，分为三大学派：科学管理学派，代表人物是泰罗；行政管理学派，代表人物是法约尔；官僚体制学派，代表人物是韦伯。泰罗、法约尔和韦伯都没有明确地提出组织理论的课题，他们只是在自己的管理研究中比较多地涉及一般的组织问题。厄威克和古利克对这一时期的组织研究进行了分析和总结，提出组织理论这一范畴。他们对组织

---

① 侯光明. 组织系统科学概论 [M]. 北京：科学出版社，2006.

的因素、组织的类型和组织的结构原则做了系统论述，特别重要的是他们对组织设计问题进行了讨论。古典组织理论的核心是组织结构合理化。它重点研究组织结构的设计、组织运行的基本原则、组织中管理的基本职能。

2. 行为科学与决策组织理论

行为科学与决策组织理论形成于20世纪30至60年代，分为两个学派：行为科学学派，代表人物有梅奥（Mayo）、利克特（Likert）、赫茨伯格（Herzberg）、麦格雷戈（McGregor）和阿吉里斯（Argyris）；科学决策学派，代表人物有巴纳德和西蒙等。这一理论是在对古典组织理论继承、修正与补充的基础上吸取心理学和社会学的一些理论观点而建立的。它特别强调组织中的社会心理系统及人的行为因素的作用，提出一系列超越古典组织理论的新原理。巴纳德将组织定义为有意识地协调两个人或者更多人的行为或者各种力量的系统，在此基础上论述了组织的构成要素。

3. 系统组织理论

系统组织理论包括三个学派，分别是：20世纪30年代形成的社会系统学派、20世纪60年代形成的社会——技术系统学派与权变系统学派。虽然这些理论学派研究的侧重点和研究方法都不相同，但是它们有一个共同点，即都把企业组织看作一个开放系统。社会系统学派是用社会学的观点研究组织，把企业组织中人们的相互关系看作一种协作的社会系统，创始人是巴纳德。社会——技术系统学派是在社会系统学派基础上进一步发展而成的，代表人物是英国的特里斯特等人。社会——技术系统学派认为组织既是一个社会系统又是一个技术系统。两者有着密切的关系并相互影响。权变系统学派认为组织是约定俗成的和具有适应性的。对这一学派理论的发展作出突出贡献的有伍德沃德（Woodward）、伯恩斯（Burns）、劳伦斯（Lawrence）、斯托克（Stalker)、洛斯奇（Lorsch）、卡斯特（Kast）、罗森茨韦克（Rosenzweig）等。卡斯特和罗森茨韦克基于贝塔朗菲提出的一般系统理论并结合信息论、控制论建立了一种较为完整的权变系统组织理论体系。他们强调组织是一个开放系统，是在与其环境的不断相互作用中获得发展。

4. 种群生态理论

种群生态理论，也称为自然选择模型，是研究组织变革的重要理论工具和方法。对这一学派理论的发展做出突出贡献的有 Aldrich & Pfeffer（1976）、Harman & Freeman（1977）、Kasarda & Bidwell（1984）、Aldrich（1979）、Bidwell & Kasarda（1985）、McKelvey & Aldrich（1983）、McKelvey（1982）、Carroll（1988）、Carroll & Hannan（1989）。这一学派理论最初由 Aldrich & Pfeffer（1976）提出，后来由 Hannan & Freeman（1977）创立。这一派理论假定环境因素选择最适合环境的组织特性（Aldrieh & pfeffer, 1976）。根据这一学派理论的观点，环境是组织成败的决定因素。组织必须满足环境的需要，否则就将被淘汰出局。变异、选择和保留的过程导致了一个组织种群内新的组织形态的不断建立。

5. 资源依赖理论

种群生态理论低估了组织行动者决定组织命运时的作用。Aldrich & Pfeffer 比较清楚这一缺陷，由此提出了一个可替代种群生态模型的资源依赖模型，该模型考虑了组织的决策和行动。Pfeffer & Salaneik（1978）对资源依赖理论做了一个重要的详细分析（Pfeffer & Salaneik, 1978）。资源依赖模型的基本前提是决策由组织内做出。这些决策是在组织内部的政治背景下做出，目的是处理组织面临的环境条件。该模型另一个重要方面是组织积极应对环境。资源依赖理论焦点是组织应对环境突发事件的方式。

6. 交易费用理论

交易费用理论从经济学领域发展而来，并得到大量社会学学者的关注。这一学派理论主要是基于威廉姆森（Williamson，1975，1981，1985）的研究工作。它已成为组织分析的一个重要理论工具，旨在从交易费用角度解释经济组织的存在和运作。威廉姆森建立了组织失败框架。这一框架指出市场组织作为一种交易的协调机制，在有限理性、机会主义、不确定性、小数目条件的综合作用下会失灵，这时候就会产生企业组织。Robins（1987）强调指出，无论费用是经济还是社会的，无疑交易费用理论最好与解释组织现象的其他理论联合使用。Hall（2001）也指出，交易费用理论是其他理论的必要补充，要与其他理论联合使用。

7. 制度理论

制度理论形成于20世纪70年代末，Meyer & Rowan（1977）开创了组织理论制度学派。20世纪90年代，它成为现代组织理论的主流，它考察影响组织行为的一系列无形规范和价值观，而不是有形技术和结构等要素。组织必须与利益相关者的认知和情感方面的期望相匹配。Scott（1995）认为制度是由认知、规范、规制结构和活动构成的，它为社会行为提供稳定性，并赋予一定意义。制度由多种载体来传递，如文化、结构和惯例等，制度在一定管辖范围内多个层次进行运作。制度环境由各种利益相关者的规范和价值观组成，它反映了什么样的组织和行为方式将被更大的社会认可才是恰当的（Meyer & Rowan，1977）。该理论强调，组织在环境中运作，不仅要满足技术环境要求来实现效率，而且要通过满足制度环境要求来寻求合法性，从而更好地生存、发展。

8. 组织文化学派

组织文化学派创立的标志是1985年Schein著作《组织文化

与领导》的问世。组织文化学派反对主流组织理论学派对于组织的一些基本假设。它认为，真正能够调节和控制组织行为的恰恰是强有力的组织文化（朱国云，1997）。Schein 对组织文化研究的主要贡献在于提出了一个多数人能接受的组织文化定义，并对组织文化层次进行了分类。自 20 世纪 80 年代中期以来，理论界日益关注组织文化变革，并且组织文化的研究已拓展到组织学习、组织创新和知识管理等领域。

2.4.2 组织理论研究的缺陷

古典组织理论、行为科学与决策组织理论，特别是系统组织理论、种群生态理论、资源依赖理论、交易费用理论、制度理论和组织文化学派，为组织管理的深入研究提供了重要的理论基础，但是也存在一些缺陷和不足，组织理论仍然有很大的发展空间。

单一的组织理论学派不足以解释复杂的组织现象。不同的理论学派从不同的视角运用不同的方法解释组织现象。因此，各种理论学派各有侧重，缺乏统一性。正如 Hall（2001）所说，对于组织现象的解释，每种理论流派都有真知灼见，但没有一种理论被证明是最佳的。

古典组织理论大多以组织的表层特征和结构为研究对象，而未能够从理论上研究组织的本质。古典组织理论针对组织内部的分工和活动安排，用静态观点研究它们对组织效率的影响，忽视了组织中的社会心理系统及人的行为因素的作用。它有两个根本的缺陷：第一是将组织作为一个封闭系统来研究，忽视组织与环境的互动关系；第二是运用机械原子论方法来研究企业组织，孤立地对各个部分进行研究，而后再将各个部分联合成总体，企图通过对局部的认识实现对组织整体的理解。

行为科学与决策组织理论在一定程度上弥补了古典组织理论一些不足。它特别强调组织中的社会心理系统及人的行为因素的作用，提出一系列超越古典组织理论的新原理。行为科学学派将组织作为一个封闭系统研究，而科学决策学派，如巴纳德等，将组织作为一个开放系统来研究。

系统组织理论、种群生态理论、交易费用理论、资源依赖理论、制度理论和组织文化学派从一般系统理论、政治学、经济学、生态学和文化人类学等角度研究企业组织，丰富了组织理论内容，都把组织作为一个开放系统研究，有效弥补了古典组织理论和行为科学学派的一些缺陷，在理论上有重大突破，但仍然存在一些不足。

在系统组织理论中，社会系统学派和社会—技术系统学派是从组织系统的构成要素来分析组织。社会系统学派中，巴纳德把组织看作合乎目的的人的行为系统，指出一个组织系统必须具备三个必要且充分要素：共同的目的、作贡献的愿望、信息沟通。实质上社会系统学派未能抓住组织系统的本质，它有两个根本的缺陷：一方面，巴纳德从组织系统中排除物质系统，把组织系统等同于人的行为系统；另一方面，片面地把上述三个要素当作人的行为系统的全部构成要素。社会—技术系统将技术因素纳入组织系统中进行研究。但是，这两个学派都忽视对战略、组织文化、组织结构、流程、人和技术及环境相互作用的研究。权变系统学派把组织系统划分为五个不同的分系统，细致描述了五个分系统，但没有具体分析分系统之间的相互关系。

种群生态理论过分强调环境是组织成败的决定因素，低估了组织行动者在决定组织命运中的作用。它没有说明组织最初发生变异的动因，忽视了组织的管理流程以及组织与环境相互匹配的过程。同时，这一理论学派将组织面临的竞争与经济理论中的完全竞争类比，是不现实的，忽视了企业组织之间的合作大量存在。资源依赖理论强调组织内部权力配置对组织战略选择的决定作用,但它只强调组织之间的权力差异,而忽视了组织层级之间的权力差异。这两个理论学派都忽视了组织目标。组织的制度理论一反以往的比较效率分析法,转向非理性的制度分析。它几乎没有关注什么是制度化的和什么不是制度化的(Hall,2001)。组织文化学派缺乏对组织文化和信息技术、组织结构与流程的相关关系进行系统研究。

2.5 本章小结

本章首先界定了重大科技工程的内涵,分析了其特点和管理特征,并从不同的角度提出重大科技工程管理模式框架体系,且明确本研究聚焦于组织管理模式研究范围之内,以使研究目标更加清楚。然后,对本研究所基于的总体理论和方法,即项目管理、系统工程、组织理论和方法,进行了与主题有关的综述,以指导本研究的深入开展。

第3章 中美重大科技工程组织管理模式分析

美国是一个科技强国,重大科技工程出现在其专项科技计划当中。为快速提高国家竞争力,美国围绕着其目标先后组织实施了一些重大科技专项,例如曼哈顿工程、阿波罗登月工程、导弹防御系统计划、人类基因组计划、信息高速公路计划、国家纳米技术计划、网络与信息技术研发计划、国家氢燃料研究计划等。这些重大科技工程在短期内集中了大量的人力、物力、财力,取得了巨大的成功,极大地提高了美国的科技实力。它们的成功在很大程度上要归功于其完善的组织实施。本章选取美国为研究对象,通过文献理论研究、专家咨询和案例分析法,对其重大科技工程组织管理模式进行初步分析,探索其中存在的组织协同体制机制,以期对我国重大科技工程组织实施提供有益的经验借鉴。同时,我国也成功实施了很多重大科技工程,由此形成的很多组织管理经验值得深入挖掘和提炼,本章又对我国四类典型重大科技工程组织管理模式进行概要总结,并以立项、实施、评估、验收为主线剖析我国重大科技工程全寿命周期组织管理过程,以期找出其中存在的组织协同现实问题和科学问题,为后面重大科技工程组织协同网络构建和管理模式研究奠定基础。

3.1 美国重大科技工程组织管理模式

美国重大科技工程实施的是立项决策、实施管理、咨询评价相对分离的政产学研各司其职的全生命周期组织管理模式，即由联邦政府进行重大科技工程的立项决策，由政府主管部门的下属科研机构与企业一起进行项目的实施管理，并联合大学进行基础阶段的科研，社会相关组织共同参与计划项目的咨询、评价和验收。

3.1.1 以联邦政府为主导的立项组织管理

（1）以国家需求和技术机遇为工程始点。纵观美国历史上已经组织实施完成的重大科技工程，可知重大科技工程往往起始于一个（群）科学家或高层决策者提出的一个建议或设想，这个建议或设想经过反复酝酿和研讨，最终在科技界和政府及企业之间形成较为一致的看法。例如，第二次世界大战期间的曼哈顿计划起源于最早考虑到核裂变反应的匈牙利物理学家 L. 西拉德借用爱因斯坦的名义向美国总统罗斯福的书信建议，西拉德担心德国抢先制造出原子弹给人类带来史无前例的核灾难；冷战期间，美国总统约翰·肯尼迪为了应对苏联的太空挑战，重塑美国的科技和军事领先地位，提出了将美国人送上月球的设想，随后美国航空航天局制定了著名的阿波罗登月计划；1981 年秋，以美国前国防情报局局长格雷厄姆和美国氢弹之父泰勒为首的数十名科学家向里根总统提出了一份建立确保美国安全的战略防御系统的《高边疆：国家生存的战略》研究报告，里根在 1983 年 3 月 23 日宣布了举世震惊的《战略防御倡议计划》，即"星球大战"计划，于1984年1月批准"战略防御研究计划"，并成立了战略防御计划局。1985年3月，该局首次向美国国会提交《战略防御倡议研究计划》报告。因此，美国传统军事意义上的重大科技工程的产生并没有固定的程序和方法，而是一个深受国际竞争环境因素影响、考虑国家重大安全需求的快速反应的非程序化决策过程。

美国冷战后多个民用性质的重大科技工程的设想也是自上而下或自下而上提出来的。例如，1991年，当时还在参议院的戈尔先后提出了《高性能计算行动法案》（HPCA）和《高速性能计算与通信（HPCC）计划》。戈尔入住白宫后，进一步提出建立全国信息网的设想。在戈尔的推动下，1993年2月，克林顿总统以《国情咨文》的形式在国会发表题为《促进美国经济增长的技术——经济发展的新方向》的报告，正式向国会提出了建设信息高速公路计划，并以此作为政府发展政策的重点与产业发展的基础，以增强美国的竞争力。美国国家纳米计划从1996年开始的跨部门之间讨论、论证、立项到实施经历了多年的过程。1996年，联邦机构的几位代表决定定期举行会议讨论纳米科学和技术问题。这一小组到1998年被白宫科技政策办公室下面的国家科学技术委员会（NSTC）正式指定为纳米科学、工程与技术跨部门工作组（IWGN）。IWGN为美国最终制定国家纳米技术计划做了很多基础工作。由该小组1999年8月完成的纳米科学技术草案经总统科学技术委员会和白宫科技政策办公室审批后于2001年递交美国国会申请预算。克林顿政府把纳米科学和技术提升为国家级计划，正式定名为《国家纳米技术计划》（NNI）。

近三十年来，由于美国政府部门、科研机构和企业日益重视科学技术的管理，再加上一些科学技术管理理论、方法和工具的发展成熟，美国在重大科技工程的产生上逐渐由过去的科学家或高层决策者的个体自发行为发展到以政府为主导的充分发挥科学家和科研人员才智、兼顾国家需求和技术机遇的有计划、有组织的自觉行动，制订了一些很有影响力的导向性科技政策文件和很多具体的专项科技发展战略或计划，并引入一些科技管理方法和工具，形成了较为规范的重大科技工程遴选程序。通过分析发现，美国重大科技工程的产生和选择方法主要包括以技术为导向的技术预测法（Technology Forecast）、同时注重技术推动和需求拉动的技术预见法（Technology Foresight）与技术路线图（Technology Roadmap）。现今，技术预见法与技术路线图在美国政府科技管理部门、科研机构和企业已经得到普遍应用，极大地促进了美国的科技和经济发展。

其实，早在二战期间，美国军方就通过技术预测为制定科技政策和重大科技工程计划提供依据。20 世纪 50~60 年代，许多新兴学科和交叉学科的涌现也为技术预测和技术规划的发展提供了契机，这一阶段的技术预测多数属于探索性预测，是对已有技术发展轨迹的外推，采用统计预测等定量分析方法，但预测结果往往与实际情况偏离较大。后来的技术预测，加入战略性的因素，对一定资源条件下技术的多种可能性进行探讨，逐步演化为技术预见，对当前技术发展的主要趋势进行研究，兼顾社会、经济发展对技术的需求，更多采用头脑风暴法、德尔菲法、情景分析法、层次分析法、趋势外推法、文献调查法、相关矩阵法等定性分析方法。20 世纪中后期逐步兴起一种由单个产业内部诞生的技术规划方法和集成战略管理工具，即技术路线图，为相关科技政策和重大科技工程计划的制定提供依据。它利用视图工具反映技术及其相关因素（科学、产品、市场）的发展，综合运用各种方法，形成各个利益相关者对未来技术发展的一致看法，适用于需要综合考虑各方利益的复杂情况，兼顾需求拉动和技术推动。

(2) 以充分论证和预研为前提。美国重大科技工程以服务于国家利益和国家目标为最高指针，立项以充分的调查研究和可行性研究为基础。由于每个重大科技工程都需要巨大的资金投入，如曼哈顿工程耗资 20 亿美元、阿波罗计划耗资 250 多亿美元、信息高速公路计划耗资数万亿美元、国家纳米技术计划从 2005 财年开始的 4 年中总共投入约 37 亿美元，由于事关一国科技资源的分配和科技实力的提升，因此，在确立各重大科技工程之前，美国都进行了充分的论证和评价。以美国国家纳米技术计划为例，1996 年，以国家科学基金会（NSF）为首的十多个联邦政府机构委托世界技术评估中心（WTEC），对纳米粒子、纳米结构材料和纳米器件的研究开发的现状和趋势，在全球范围内进行了为期 3 年的调研和论证，发现纳米技术将是引发下一代产业革命的关键技术。1999 年，美国国家科学技术委员会下设的纳米科学、工程与技术机构间工作组拟定了《国家纳米技术计划：引发下一次产业革命》。其他民用重大科技计划在立项之前也都进行了详尽地论证。

美国在军用重大科技工程（即重大武器装备研制项目）的组织实施过程中，制定了严格的武器装备研制立项论证和评估措施，并且逐阶段逐级进行论证和评估，对控制武器装备的研制进度和经费需求起到了积极的作用。美国国防部在 2003 年 5 月 12 日修订并颁发的《DoD 5000 系列国防武器装备项目采办文件》中，对重大国防武器装备项目采办计划规定了总政策和程序。整个采办过程如图 3.1 所示，共由 5 个阶段和 4 个子阶段、3 个里程碑、3 次评审和一个方案决策点构成。其里程碑 A 相当于我国项目立项前对综合论证报告的评审阶段。里程碑 B 之前的技术开发阶段相当于我国项目立项前预研阶段，对部件进行先期研制和演示验证，以降低风险，确保在进入下一个决策点前全面了解和掌握在技术、生产和保障等工作中可能出现的风险。里程碑 A

目标是确定方案改进阶段的结果能否成为建立新采办项目计划的依据和为批准的新项目计划建立方案基线,即规定项目计划在费用、性能和进度方面的初始目标。在重大国防武器装备项目管理的最高机构中,有专门机构负责组织咨询、评估和鉴定工作。评估、审查工作是立项前不可缺少的程序之一。负责任务需求评审和采办各个阶段评估的不是一个办事实体,评审工作主要依靠技术专家和军方官员,力图得到公正的评估结论。在武器装备采办各阶段的评估中,费用评估(主要是全生命周期费用)是重要内容,但也包括对效能、技术可行性以及途径的评估。决策时的重要依据是综合经济、技术等多个方面因素的全面平衡的评审意见。

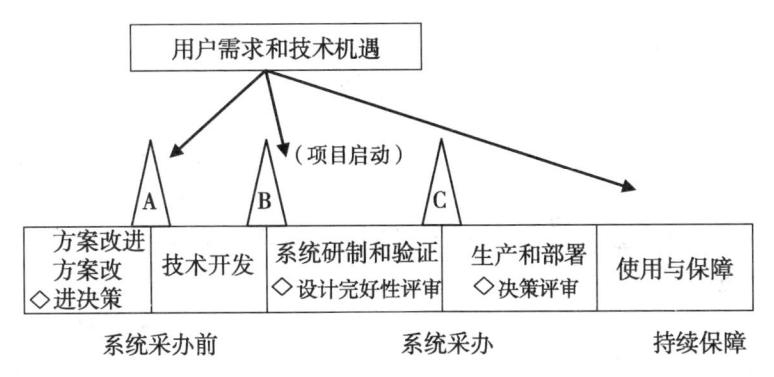

图 3.1 美国 2003 年 DoD 5000.2 文件规定的采办流程示意图

在里程碑 A 点,决策机构要对项目的费用进行详细核算和审查,在军方三级费用管理机构中,费用分析改进组发挥重要作用。为了控制费用增长和进行全寿命费用管理,美国军方对武器系统采办分为国防部、各军种(或者国防部各业务局)和型号办公室三级。国防部办公厅内设立费用分析改进组(CAIG);各军种(或国防部业务局)设立费用分析组(CAG);型号办公室也设CAG。各CAG提出费用估算结果,逐级上报,CAIG负责对军种(或国防部业务局)准备并提交的费用估算报告(与型号办公室提出的费用估算报告)进行审查并给出评估意见,将此意见提供国防部系统采办审查委员会[1][2]。

对于项目立项之前的技术风险评估,美国国防部也要指定与项目计划无关的研究机构独立进行,并由专门机构对各论证方案准确性进行评估。在美国重大国防武器装备项目采办流程中,技术成熟度是决定一个项目从里程碑A、B或者C进入采办过程的重要因素之一,也是影响项目风险的重要因素,是用来衡量建议采用的项目关键技术能够满足项目预期目标的程度,一般通过技术实用水平来度量,包括审查项目方案和技术需求、验证技术性能。技术实用水平最初由美国国家航空航天局NASA于1995年采用,随后被美国科学与技术协会采用。美国国防部于2001年6月起采用此项结构,并将其应用于现今所有重大采办项目。对项目关键技术的实用水平评估通常会在里程碑决策点B或C前的阶段充分进行,用于为采办评估过程提供有效的技术成熟度信息。技术实用水平由低级向高级通过TRL1至TRL9共9个层次进行描述。在装备项目技术风险的分析评估中,军方强调尽量采用成熟技术,限制一个项目中采用过大比例的新技术,采用新技术的比例一般不超过25%,要求项目只有在全部关键技术的技术完备等级都达到6级以上才能立项。这主要是因为一些关键技术没有完成攻关就仓促上马的项目在关键技术无法实现时不得不重新设计,致使系统研制进度、成本大幅度增加,甚至最后不得

---

[1] DoD Instruction, Number 5000.2. Operation of the Defense Acquisition System, Change 1 [EB/OL]. http:www.acq.osd.mil/ar/ar.htm, 2001.01.04.

[2] DoD. Moving Acquisition Reform to the Next Millennium: DoD 5000 Rewrite, AR TODAY [EB/OL]. http:www.acq.osd.mil/ar/artody.htm, 2008-02-01.

不取消该项目。美国在军事航天系统全面转型之际,很多项目如天基红外系统(SBIRS)、空间雷达(SR)系统、转型通信卫星(TSAT)等均遭遇这类问题。

(3)以专项科技计划为立项形式。重大科技工程一旦被论证结束,便进入联邦政府的顶层立项决策程序。以专项科技计划形式体现的重大科技工程首先由政府的研究中心报请联邦政府主管部门(如国家航空航天局、国防部、商务部等)、白宫行政管理和预算局,并得到国会的认可,由拨款委员会审定批准,然后成立相应的委员会。批准立项的程序体现在科技预算的准备、审议、表决三个阶段上,即行政部门预算请求准备阶段:各部门科研机构提出自己对专项科技计划的预算,由白宫行政管理和预算局有针对性地颁发年度预算方针,并据此修改各项动用资金申请,编制临时预算,然后将临时预算提交给总统,总统对临时性预算进行修改,并把预算草案提交国会;立法部门对预算草案审议阶段:国会收到总统提交的预算后,由国会众议院预算委员会进行详细的论证,通过决议,提出自己采纳的预算方案,然后交众议院拨款委员会进行审议,众议院拨款委员会审议后提出建议,并就预算建议方案进行讨论,经表决通过后成为拨款法案,由两院组成协商委员会,为消除对预算方案的分歧两院举行联席会议,经过辩论后通过两院拨款法案,众议院预算委员会对预算法案进行复审,对法案做出可能的修改后提交给总统;总统对预算表决阶段:如果总统对国会的预算法案表示认可,就签署生效;如果总统对预算法案表示否决,则必须经过与上述类同的审议程序,并且要经过国会2/3的多数反对,该项否决才能通过。科技预算一旦通过,重大科技工程便得以批准立项,将通过立法的形式实施。

目前,美国联邦政府根据国际国内环境和国家利益的需要,在信息技术、生命科学、材料科学、能源、卫生、教育、环境、交通、空间科学、军用技术和城市发展等各个领域制定了很多具体的重大任务型专项科技发展战略或计划。这些计划按实施机构的不同可以分成两类：一类由国家科技委员会或者某一个部门牵头、多个部门参与联合实施，例如，国家纳米技术计划（NNI）、人类基因组计划（HGP）、高性能计算机与通信技术研究计划（HPCC）、全球变化研究计划（GCRP）；另一类由单个联邦部门执行，如商务部的先进技术计划（ATP)[①]、能源部的新能源计划、国防部的关键技术计划等。美国没有全国统一的综合性科学技术规划。这些计划按目的、性质和对象的不同还可分为三类：基础研究类计划项目、大型科技工程类计划项目和商业性技术开发类计划项目。本研究所涉及的重大科技工程则是与政府职能有关的国防、健康及公共事业方面的大型科技工程项目，是一类突破关键前沿技术、研制重大战略产品的重大工程计划，是一类涉及基础研究、以应用研究和技术开发为主的重大科技项目和专项科技计划。

大部分专项科技计划由联邦政府各个部门分头负责，这些部门均设有负责科技工作的司局，并由一名副部长或者助理部长领导。各个部门按项目需求提出经费计划，经国会批准之后纳入本年度财政预算。白宫行政管理和预算局负责综合审查、平衡包括国防预算在内的所有政府部门预算，经过总统批准后提交国会审批。总统科技顾问主管的白宫科技政策办公室协助总统制定国家科技政策，并协调军用与民用科研项目。各个部门负责根据国会核准的预算和总统下达的指示来编制科技政策指南，并领导专项科技计划工作。一些专项科技计划项目在主管部门难以决断的情况下将提交总统或国会进行裁决。美国没有科技部，但为了加强

[①] 陈峻锐．美国先进技术计划（ATP）管理模式分析［J］．中国软科学，2006（2）：82—86．

对科学技术的宏观调控，1993年11月克林顿总统成立了相当于内阁层级的总统科学技术委员会（NSTC），负责制定和协调联邦政府在科学、太空以及工程技术方面的各项政策和计划，总统兼任委员会主席，具体成员包括副总统、白宫科技办公室主任、总统国家安全顾问、总统经济与国内政策助理、各部部长以及所有其他政府部门首长等，办事机构是白宫科技政策办公室。

在美国的三权分立政体中，国会是强有力的一级。国会负责审批专项科技计划，并监督专项科技计划的实施。国会参与专项科技计划的常设委员会有参议院的拨款委员会和预算委员会、众议院的拨款委员会和预算委员会及科学与技术委员会。他们通过有关小组委员会和专门小组以召开听证会的形式审议专项科技计划预算。其中，众议院科学与技术委员会负责审议科技政策与科技项目计划和预算，只有经过他们批准的科技法案才能向下进入拨款委员会的审批程序。由联邦政府部门拟定的科技法案必须经过国会议员提出，经过一系列听证会后，一部分议案不能够获得通过。参议院的科技政策决策过程大体上相仿。国会总审计局协助有关委员会分析、论证总统提交的预算。国会有权核准、否决或者修改专项科技计划及其预算提案。联邦政府各部门、各机构每年必须将下年度的工作计划和财政预算以法案形式报国会审议，国会投票通过之后送总统签署成为具有强制约束力的法律。这种法律有时是关于整个部门的政策级的，也可以是针对某一具体问题的工作级的。没有经过国会的批准，财政预算不能够从国库中支出。对于专项科技计划，为了说服国会拨款，必须首先要讲清楚为什么，要花费多少钱，受益在哪里。例如，美国国家侦察局（NRO）需求的"未来成像体系"（FIA）间谍侦察卫星星座系统在经历近10年的论证和研制，花费40多亿美元后，由于成本超支、进度延误及关键技术无法解决，于2005年9月被国会取消，FIA系统雷达成像卫星至少落后原进度4年。

(4) 以专门委员会或领导小组为顶层领导组织。重大科技工程涉及部门较多，工程涵盖内容较广，资金投入巨大，为保证工程有效实施，美国政府从顶层上加强对其领导和协调关系，采取"集中+分散"的管理方式，成立由一个部门牵头、多个部门参与的专门委员会。该专门委员会将根据工程具体内容选择主承包商，同时负责对主要承担项目的管理系统的设计、制造、可靠性及质量保证等进行考察，并对项目研究的所有阶段进行全过程跟踪管理。选择主承包商的方法通常采用招标方式进行。还有一些跨部门的重大科技工程由国家科技委员会的成立由国家科技顾问牵头、合作各方首脑联合组成的高级领导小组制定政策并进行协调。高级领导小组下设计划工作小组，负责制定计划和预算、执行计划和具体的协调工作，从而保证国家利益的一致，同时尽量减少重复工作并有效地利用资源。

例如，《国家纳米技术计划》的组织协调由隶属总统的国家科学技术委员会下属的纳米科学、工程与技术分委会（NEST）负责，该分委会主要负责确立目标和优先项目，制定并更新该计划的战略计划，为联邦政府纳米技术的研发提出跨部门协调机构的预算，制订计划以促进联邦政府纳米技术项目的产业化。纳米科学、工程与技术分委会的委员由商务部、能源部、国防部、运输部、司法部、内政部、国务院、国家航空航天局、国家环保局、美国科学基金会、国立卫生研究院、国家标准与技术研究院、核管理委员会、中央情报局、白宫预算与管理局、白宫科技政策办公室等单位的负责人组成。国家纳米技术计划包括七个领域——纳米尺度基本现象与工艺、纳米材料、纳米器件与系统、纳米技术仪器研究、度量衡学和标准、大型研究设备与仪器、纳米制造、纳米技术的社会维度。各部门参与 NNI 的重点领域和应用领域各有所侧重，纳米尺度基本现象与工艺领域主要由能源部、国土安全部、国家科学基金会、国立卫生研究院等负责，纳米材料领域主要由国防部、环保署、能源部、国家航空航天局、农业部、国家科学基金会、产业与安全局、专利与商标局等负责,纳米器件与系统主要由国土安全部、国防部、环保署、国家航空航天局、农业部、国立卫生研究院等负责,纳米技术仪器研究、度量衡学和标准领域主要由国家标准技术研究院、国土安全部、产业与安全局、专利与商标局等负责,纳米制造领域主要由国家标准技术研究院、国家科学基金会、国防部、环保署等负责,大型研究设备与仪器领域主要由国家科学基金会、能源部负责。这些部门已经拥有一套比较成熟的研究开发项目管理体系。因此,对于所负责的领域,它们会根据项目管理体系确定项目承担单位,进行监督、管理、评估。NEST下设国家纳米技术协调办公室,作为 NSET 的秘书处负责日常技术与行政工作,并作为政府机构、科研院所、产业界、职业社团、国外机构及其他组织开展纳米科技活动的联络站[①]。国家纳米技术计划的组织管理框架图见图 3.2。

为保证协调的实施,NSET 成立了目标导向的四个工作小组。它们分别是:纳米环境与卫生影响工作组,其职责是就纳米技术对环境和健康的影响问题在联邦机构、研究人员、大小公司之间进行沟通;产业联络工作组,其职责是同产业界代表进行互动,建立沟通的渠道,政府机构可提供其研究开发活动的信息,产业界的代表则可就联邦政府如何对纳米技术进行投资发表意见,以最好地支持解决产业需求的竞争前研发问题;纳米技术制造工作组,其职责是协调纳米材料、组件、产品制造相关的活动;公众参与工作组,其职责在于如何更有效地与公众进行沟通。目前,普通公众对纳米技术知之甚少,随着研究成果逐步走向市场,增加公众对纳米技术的认识显得非常重要。

---

① Funding of NNI [EB/OL]. http://www.nano.gov.

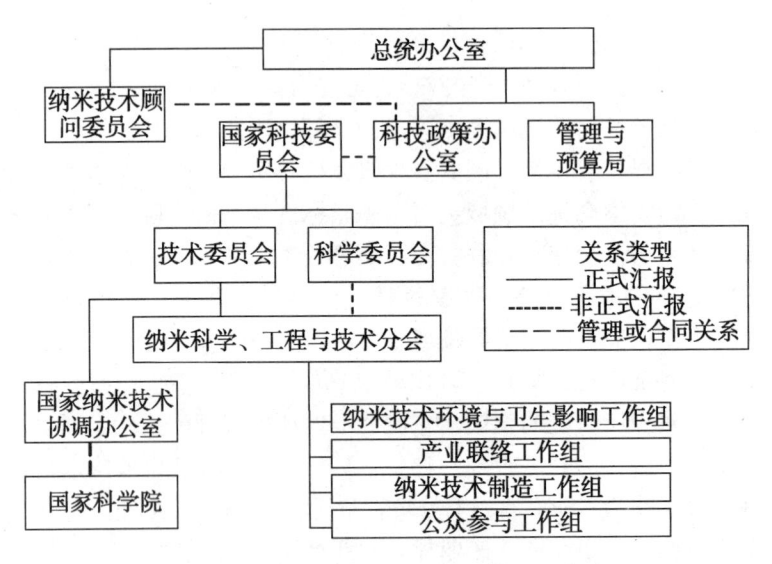

72 重大科技工程组织协同网络管理研究

```
                        总统办公室
        ┌──────────────────┼──────────────┐
  纳米技术顾              │              │
  问委员会─ ─ ─ 国家科技委─ ─ 科技政策办   管理与
               员会          公室        预算局
        ┌──────┼──────┐
    技术委员会  科学委员会         关系类型
        │      │                  ──── 正式汇报
        └──┬───┘                  ------ 非正式汇报
           │                      ──── 管理或合同关系
     纳米科学、工程与技术分会
    ┌──────┤
 国家纳米技术       ├─ 纳米技术环境与卫生影响工作组
 协调办公室         ├─ 产业联络工作组
    │              ├─ 纳米技术制造工作组
 国家科学院         └─ 公众参与工作组
```

图 3.2　美国纳米技术计划组织管理示意图

再如，对于信息高速公路计划，为了从宏观上加强对该计划的管理，克林顿委派副总统戈尔全面负责信息高速公路计划具体事务，由直接隶属总统的国家经济委员会负责信息高速公路计划并实施。为了强化政府领导的权威性，克林顿政府还专门成立"基本建设特别工作小组"，进行前期准备工作。该小组主要负责协调政府在应用国家信息基础结构方面的工作、连接政府应用系统和民间企业、解决突出争议和执行政府政策。该小组由商务部部长布朗任主席，由高级联邦机构的代表组成，小组的三个委员会集中处理电信政策、信息政策和应用方面问题。

对于网络与信息技术研发计划，该计划的组织协调由国家科学技术委员会下属的网络与信息技术研发（NITRD）计划分委会负责。该委员会由 14 家联邦政府机构的代表（这 14 家联邦机构都是 NITRD 计划成员机构）、行政管理和预算局、科技政策办公室、国家信息技术研发协调办公室人员构成。NITRD 计划分委会职能包括：支持白宫科技政策办公室制定有关 NITRD 计划政策；负责联邦 NITRD 计划的预算规划、技术规划、项目评估和内部机构协调工作；及时准确提供 NITRD 计划完成情况、新动向和关键挑战信息。NITRD 计划包括 8 个研究领域，分别是高端计算基础设施和应用、高端计划研究开发、信息安全与通信保密、大规模网络、人机交互与信息管理、高可信软件和系统、社会、经济和劳动力发展、软件设计和生产，每个研究领域由一个协调工作组进行指导。其中，高端计算基础设施及应用和高端计算研究开发两个领域的工作由高端计算协调工作组负责。这些工作小组均向 NITRD 分委会报告相关工作并在每月就各自研究领域多家机构项目的协调计划和活动情况进行交流和研讨①。NITRD 计划的组织管理框架图见图 3.3。

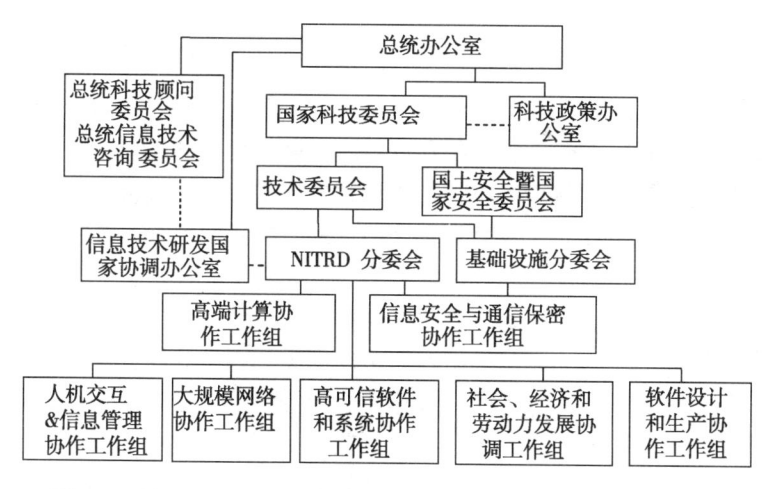

图 3.3　美国网络与信息技术研发（NITRD）计划协调机构示意图

---

① CHARLESH R. The Federal Networking and Information Technology Research and Development (NITRD) Program [J]. NICT Forum Briefing.

3.1.2 以企业为主体的实施组织管理

(1) 以企业为研发设计、试制、试验、生产主体。美国联邦政府在第二次世界大战期间和冷战时期提出的重大科技工程，如"曼哈顿计划"、"阿波罗计划"和"星球大战计划"，以维护国家最高军事安全为指针，结合自上而下的分散型的复杂工程任务分解体系，采取科学家研究与设计牵引、政府集中统一领导下的垂直一体化直线型结构体系，组织众多企业、大学、研究机构实施重大科技工程，以企业为实施主体。"阿波罗计划"在高峰时期有2万家企业200多所大学和80多个科研机构参与组织实施，参与总人数超过30万人，其中有很多科研人员来自其他国家。

冷战结束后，随着科技、经济全球化发展，国际竞争从军事日益转向以高科技竞争为核心、以经济竞争为主要内容的综合国力竞争，美国力图全面控制和抢占新时期的科技制高点，保持其科技竞争优势和新兴产业掌控优势，先后推出军民融合色彩浓厚的人类基因组计划、信息高速公路计划、国家纳米技术计划、网络与信息技术研发计划、国家氢燃料研究计划。在这些计划的具体实施过程中，组织管理模式呈现多元分散化，依据工程项目领域、性质的不同，以基础研究为主的人类基因组计划由政府行政部门（能源部）通过协议委托国立研究机构和大学中的专家来承担，后期更多的企业参与其中；以应用研究和技术开发为主的信息、网络、纳米、氢燃料工程计划通过联邦政府有关部门与企业签订合同来委托企业承担或者由政府实验室与公司签订合作研究开发协议来共同承担，更多采用政府鼓励下的以市场为纽带、以企业为主体、产学研结合的分散型组织管理模式。

克林顿时期政府虽然积极宣传、推动信息高速公路计划，但是在具体操作上却坚持"民建民有民享"的原则。对于这样一项需要投资几万亿美元的宏大工程，政府仅投资极少部分，而绝大部分由民间企业投资。为了鼓励企业投资该计划，政府采取了许多鼓励措施，如开放通信市场、在投资和税收方面给予企业优惠政策（对民间企业投资于研究与开发及组建新兴产业实施税收优惠措施，其中包括研发贷款三年延长期及削减投资于小企业的目标收益）。另外，美国政府还一改过去反对企业联盟的政策，鼓励与NII有关的电子、电信、有线电视、娱乐、电影等行业的企业进行联合和兼并，以此扩大企业规模，增强企业市场竞争力，以刺激企业投资。

《国家纳米技术计划》的远景就是要依托纳米技术促进产业革命。美国政府认为虽然纳米技术市场潜力巨大，但是目前仍然需要靠政府投入开展研究开发，谋求占领纳米技术研究以及产业制高点。基于这样的认识，美国国家纳米技术计划倡导产业界积极参与。在该计划管理中，也体现了这种考虑。例如，纳米科学、工程与技术分委员会下设的四个工作小组的工作内容大多涉及到公众参与及与产业界的联系。所有这些行动都非常有利于营造纳米技术产业化氛围，一旦时机成熟，就可以迅速形成产品以及市场。在政府引导下，产业界对纳米技术的投资日趋增加。根据加拿大非政府组织ETC2003年发表的关于纳米技术的一份研究报告显示，美国风险资本对纳米技术的投入已从1999年的1亿美元增长到2001年的7.8亿美元，到2003年已上涨到12亿美元。此外，施乐、杜邦、通用电气和惠普等公司在纳米技术方面的投入也很多。

（2）市场调节下的以主承包商为核心的供应链网实施组织管理模式。美国政府的重大科技工程，包括国防性质的工程项目，面向全社会企业公开招标。例如，对于当年研制新一代航天飞机的工程招标项目，国家航空航天部按三级竞争机制选择工程项目承包单位。第一级选择三家企业，每家给 200 万美元，用 1 年的时间做可行性试验。第二级从三选择二，要求将纸面的方案做成样品，这一级经费规模比较大，且要两年左右时间。最后一级是确认一家，这家是新机种的最终完成者，要求在今后 10 年内为政府提供此类产品。第一级招标的标的由航空航天部组织国家实验室、大学的专家制定，技术指标、商业指标和研究经费统筹考虑。国家航空航天部的业务主管常常有商业经历，首先就关注商业指标。三级竞争机制由于预算的制约要作变通：第一级花费 600 万美元买个概念，竞争的结果是三个方案的择优组合，后两级合并为直接从三选择一。

当主承包商获得联邦政府授权并签署合同后，便着手进行重大科技工程的实施。由于重大科技工程的高投入、高壁垒、高风险特性，重大科技工程不可能由一家企业独立完成的，往往形成以主承包商为核心、多级供应商配套、产学研结合的橄榄型供应链组织网络模式。主承包商和多级供应商均拥有庞大的研发设计中心。主承包商是重大科技工程的核心企业，主要负责知识密集的工程研发总体设计、试制、试验、总装工作；负责协调供应商之间的研发生产活动；负责维护研发生产和管理体系的正常运转和各组织间的关系。而大量的多级供应商根据专业分工和协作负责重大科技工程的分系统、关键零部件、配套件、复合材料等研发制造工作。主承包商具有策划、协调和控制的职能，与一级供应商实质上是纵向的层级关系，而且这种层级关系是单向的，无行政隶属和约束。一级供应商与次级供应商之间、次级供应商与一般供应商之间也是纵向的层级关系，但次级供应商之间、一般供应商之间是横向的关系，企业与大学、研究机构是横向的关系。在整个供应链体系当中，次级供应商的规模和数量最为庞大。

美国重大科技工程的管理实践表明，传统的实施组织管理模式是主承包商往往管理看成千上万家供应商，供应商之间是横向的关系。而如今随着工程实施的逐步推进，供应商数量的不断增加，核心企业逐渐减少直接控制的供应商数量。这样的实施组织管理呈现出系统化、模块化和柔性化的特征，降低了主承包商的管理复杂度。主承包商只负责工程系统的总体研发设计和装配，而对于工程分系统内部的研发和生产管理则由一级供应商负责。主承包商将一部分工程任务分解给一级供应商，使得一级供应商对于次级供应商来说，又形成了二级的纵向层级关系和次级供应商之间的横向关系。如图3.4所示，重大科技工程实施组织管理模式说明了重大科技工程实施过程中的主承包商、供应商之间的关系。主承包商和一级供应商之间、各级供应商之间以及企业和大学、研究机构之间在经济利益共享的基础上通过商业合同来联结，并加以法律约束。

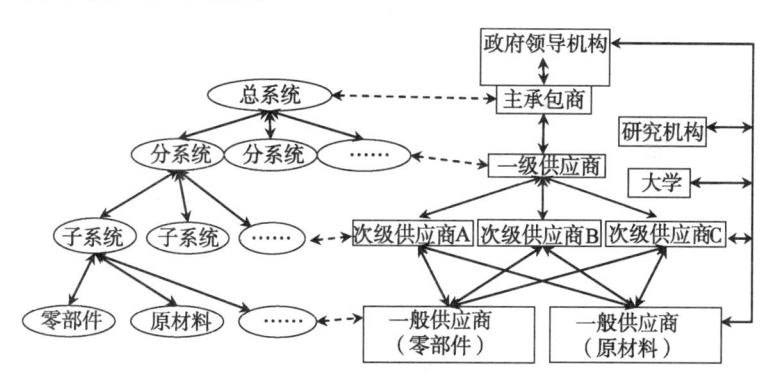

图 3.4　美国重大科技工程实施组织管理模式

3.1.3 以第三方独立机构为中介的评估和验收组织管理

（1）对重大科技工程定期开展评估。美国的重大科技工程评估体制非常完善，在重大科技工程制定之初，就规定了要定期对该工程进行评估。在工程实施过程中按照工程的具体特点和要求实行阶段性、节点性或者里程碑式的中期检查和评估，从质量、进度和财务支出预算等方面跟踪控制，使总目标下的分解目标得以实现，尽可能降低风险。政府通过对工程项目进行分期投资的方式加以控制，根据工程实施的评估情况决定是否对工程进行继续投资。定期检查的结果将直接影响到下一年度经费预算额度。以国家纳米技术计划为例，美国国会于2003年通过的《21世纪纳米技术研究开发法案》对于纳米技术的评估做出了专门规定。法案要求成立由总统任命的纳米技术顾问委员会（NNAP），对联邦政府的纳米研发活动进行广泛的评估并发布至少两年一度的报告。报告包括纳米技术趋势评估、对联邦纳米技术研发计划改进的建议以及对该计划在社会、法律、伦理、环境和人力方面所产生的影响进行分析评估。同时，法案要求国家纳米技术协调办公室与美国科学院国家研究理事会签订合同，每三年对NNI进行一次评估并提出改进建议，评估内容主要包括技术进步、向私营部门的技术转让、管理有效性、跨学科研究开发以及在社会、伦理、环境、法律等方面所产生的影响。纳米技术协调办公室主任应将以上评估的结果转交给纳米技术顾问委员会和国会参众两院。此外，其他重大科技工程也由专门的独立机构来进行评估。如网络与信息技术研发计划由总统信息技术咨询委员会进行分析评估，评估情况至少每年一次向总统以及指定的国会委员会进行汇报。

为了加强对重大科技工程的评估，美国2002年出台了计划评估等级工具（PART），该工具适用于美国所有重大科技工程（包括美国国家纳米技术计划、网络与信息技术计划在内）的绩效评估，以实现客观、透明地评价政府科技计划的目的。PART通过评价计划的目的以及设计、战略规划、管理和结果，从而确定它的整体有效性。PART评估结果分为四个等级：非常有效（Effective）、比较有效（Moderately Effective）、合格（Adequate）、不合格（Ineffective）。2006年的PART评估结果表明，国家科学基金会负责的纳米尺度的科学与工程研究计划的PART评估结果为非常有效。PART评估结果将直接影响政府对所评估计划的资助情况，如果评估结果为非常有效，政府将继续资助该计划，甚至加大资助，如果评估结果为不合格，政府则可能终止该计划。

（2）第三方独立机构发挥评估和验收作用

美国重大科技工程的定期评估、完成验收已经形成较为规范的程序，一般都有相应的第三方独立机构负责。例如，国家航空航天局的重大科技工程项目有严格的评估和验收程序。第三方独立机构由相关领域的专家和学者组成，独立于政府和其他组织，其作用贯穿了整个重大科技工程管理过程，为重大科技工程的公开、公平和公正的实施提供了可靠的保证。在政府制定重大科技工程相关的法律法规时，第三方独立机构监督政府制定法律法规的公正性，并提出合理化建议，以减少政府盲目做出决策的可能性。在重大科技工程立项和评估过程中，第三方独立机构负责评估立项的可能性及投标单位的实力和信誉，对投标单位进行全方位评估，通过对比审核找出最合适的工程项目承担单位，其结论对招标起着决定性作用。在工程项目的跟踪管理和验收过程中第三方独立机构负责监督。在工程项目出现问题时第三方独立机构提出合理化建议，帮助工程项目承担单位沿着既定方向前进。在工程验收时第三方独立机构是评判者，对工程项目的完成情况进行评估和总结并向政府提出建议。在重大科技工程的评估、验收过程中，政府部门的影响力相对较小，集中相关领域专家的第三方独立机构作为中介组织发挥着重要作用，负责项目的跟踪管理，不能完成工程项目的企业将会受到政府重罚，这种调控手段保证了工程项目完成的质量和成功率。总之，第三方独立机构是政府重大科技工程管理的有益补充，保证了重大科技工程实施的公开、公平和公正，有效地发挥了监督和咨询的作用。

3.2 美国重大科技工程组织管理对我国的启示

美国在重大科技工程组织管理中采取了比较完善的法规制度和比较规范的程序措施，而且各个相关组织单位能有效执行，形成了自身的特色，适应了市场经济的需要。尽管美国重大科技工程的组织管理有其独特的时代背景和市场环境，且我国与美国国情有很大的区别，但美国重大科技工程的组织管理模式对我国的重大科技工程的实施有重要的借鉴意义。

（1）在顶层上加强对重大科技工程的领导和协调。由于重大科技工程战略意义特别重大，可以由国家领导人直接参与，以增加专门领导小组的执行力。很多重大科技工程涉及领域较广，需要不同行政部门之间的合作和协调。如果能够有高于行政部门级的国家领导人参与，必然会提高专门领导小组的协调能力，有利于重大科技工程的顺利开展。正如美国副总统戈尔在信息高速公路计划组织实施中发挥着关键作用一样。

（2）在军用或民用重大科技工程的实施组织结构体系设计上充分体现技术、产品、产业、经济一体化的战略布局，突出由科技研发到产品商业化的价值链安排。从美国网络与信息技术研发计划的组织实施看，完整的技术、产品、产业、经济一体化链条结构设计保证了网络与信息技术研发计划振兴产业的发展导向。我国重大科技工程的实施更要考虑对产业技术发展的促进作用，发挥重大科技工程中国内科研力量（如大学、科研院所等）对基础研究突破的作用，实现核心技术和通用技术的突破，推动众多参与实施企业的技术创新，加速企业对重大科技工程成果的产业化和商业化进程，进而实现重大科技工程对经济发展的贡献。

（3）对于以应用研究和技术开发为主的重大科技工程，明确企业的实施主体地位，并向全社会公开，引入市场竞争机制，鼓励企业的自由参与和竞争。凡是具备一定条件并有实力进行科技研发的企业都可以加入，给予企业自由参与的公平机会。对于一些涉及学科、部门和产业范围非常广泛且分散的以商业化产品为结果的重大科技工程，应采用多元分散化模式引导大量企业实施，不宜仅指定某一两家企业参与，否则易造成国家科技经费和优惠政策资助个别企业发展的不公平竞争，同时也会给部分企业一个垄断研发资源的机会，使其可能会产生惰性和依赖，失去市场竞争的活力，也不利于重大科技工程的技术创新和相关产业的发展。而且政府要完善公共投入的方式，审慎地对企业进行直接科技资助，因为政府直接资助对社会具有重要的作用，在直接资助企业时如果不适当就将严重扰乱市场，造成企业利益对比的失衡。正因如此，在信息高速公路计划实施中，美国政府仅在个别情况下才给予直接资助，更多还是继续执行传统政府激励政策。对于一些公共产品（大型设备）类重大科技工程，在目前企业科技研发水平普遍不高的情况下，引入众多企业参与实施也宜采取以少数几家企业为核心、多级企业参与配套的中心集群模式。需要指出的是，以基础研究为主的重大科技工程在前期不适合由企业来担任实施主体,而是到后期有明显产品实现的需求和产业发展的可能,才适合创建企业、引入企业、引入市场竞争。

(4) 以重大科技工程促进企业、大学和科研院所之间的产学研合作创新,以克服我国企业科技研发实力严重不足的明显短板。鼓励企业、大学和科研院所以产学研合作形式参与重大科技工程,建立技术创新合作关系,整合企业之间及大学和科研院所的科技研发力量,实现产业通用技术突破,以产学研合作保证重大科技工程的顺利进行。在此基础上鼓励各企业开发差异性的商业化技术,加速企业的技术创新和突破。特别是要发挥产业技术创新战略联盟的作用,将重大科技工程与产业技术创新战略联盟结合起来,相得益彰。

(5) 强化第三方独立机构在重大科技工程评估和验收中的作用。科学、严密的第三方评估机制可以保证重大科技工程立项论证、过程评估和验收活动的客观性、公正性,保证工程目标的实现。尽管目前我国在重大科技工程管理过程中引入了第三方中介机构,并开始将一部分管理工作交由中介机构来承担,但是重大科技工程评估和验收的大部分工作还是由政府和主体实施企业来承担。正如美国政府聘请独立的第三方机构参与重大科技工程的评估和验收过程,使其在工程管理中发挥重要作用;我国在重大科技工程管理的各环节,可将更多的论证、评估、验收等事务性工作让中介机构来承担,充分发挥中介机构的作用,动态评估,滚动实施,以提高重大科技工程管理的公正、效率和水平。同时,尽快大力扶持中介组织机构发展,并制定规范中介组织机构运行的规章制度。

3.3 我国典型重大科技工程组织管理模式

新中国成立以来，一批需要较多资金投入的重大科技工程的实施，为国家科技进步、国防建设与社会经济的发展做出战略性、基础性和前瞻性的贡献。这些大型的科学技术工程是众多高新技术集成和国际竞争的产物，凝缩科学技术研究的实力和水平，集中体现了国家科学基础设施的水平和技术制造能力。在不同的发展时期，重大科技工程采取了不同的组织管理模式，从中可以看出新中国成立以来重大科技工程组织管理模式的变迁。当然，每一个典型重大科技工程的组织管理模式都是一个很大的研究课题，本节仅仅列出几类典型重大科技工程的简要组织管理模式特征。

3.3.1 "两弹一星"工程组织管理模式

20世纪60、70年代的"两弹一星"工程组织管理模式代表了国防科技工程组织管理模式。"两弹一星"是指核弹（原子弹和氢弹）、导弹、人造卫星。在20世纪50、60年代，中苏关系出现裂痕并逐步恶化，美国继续维持与我国为敌的政策。面对当时严峻的国际形势，为了抵制帝国主义的武力威胁和核讹诈，保卫国家安全，维护世界和平，50年代中期以毛泽东同志为核心的第一代党中央领导集体审时度势果断地作出了独立自主研制"两弹一星"的战略决策。

1964年10月16日我国第一颗原子弹爆炸成功，1967年6月17日我国第一颗氢弹空爆试验成功，1970年4月24日我国第一颗人造卫星发射成功。"两弹一星"对我国安全环境改善产生了重大影响。长期的对手美国被迫开始调整对我国的敌对政策，我国重返联合国，尼克松访华，中美关系出现缓和，第七舰队从台湾海峡撤离，两国关系实现正常化。另一方面，我们具备了一定的核反击能力，战略上的选择余地明显拓展，为实现真正独立自主的政治外交路线，摆脱建国初期不得不依靠中苏结盟的国家安全策略以及应对中苏决裂的风险，提供了强大的军事支持。

以"两弹一星"为代表的重大科技工程，把成千上万人组织起来，以较少的投入在较短的时间内，研制出高质量、高可靠的型号产品，这就需要有一套科学的组织管理方法和技术，在当时这是一个非常突出的问题。钱学森在开创我国航天事业的过程中，同时也开创了一套既有中国特色又有普遍科学意义的系统工程管理方法和技术。当时，研制体制是研究、规划、设计、试制、生产和试验一体化，在组织管理上是一个总体设计部和两条指挥线的系统工程管理方式。其中，总设计师体系起源于前苏联的总设计师制度，总指挥体系为我国独创。

一个总体部、两条指挥线的组织管理模式，如图3.5所示，有力地支撑了尖端国防科技的发展，是技术与组织管理的一体化创新，反映了系统科学的思想。总体设计部负责总体设计、系统协调，是总设计师实施技术抓总的技术支撑机构。两条指挥线，即两总系统，是以总设计师负责的技术线和以总指挥负责的指挥线。技术线由总设计师、各分系统主任设计师及单项设备、部件的主管设计师和设计师组成。指挥线由总指挥、各研制单位的主管领导、计划调度系统和机关职能部门有关人员组成。总设计师、总指挥统一于国家下达的、体现国家利益的工程目标，所有的工作要保证两总的任务，两总都围绕着总设计师，总指挥要围绕着总设计师的目标去工作并负责保障整个工程。在当时技术落后、物质极其匮乏的年代，两总系统适应了国防科技工程技术上大量的组织协调、决策指挥的客观需要，它可以不受行政建制限制，进行跨部门、跨建制的技术决策、指挥和协调，可以有效配置科技资源，有助于集中力量，集智创新，是国防科技工程有效实施的重要保障。

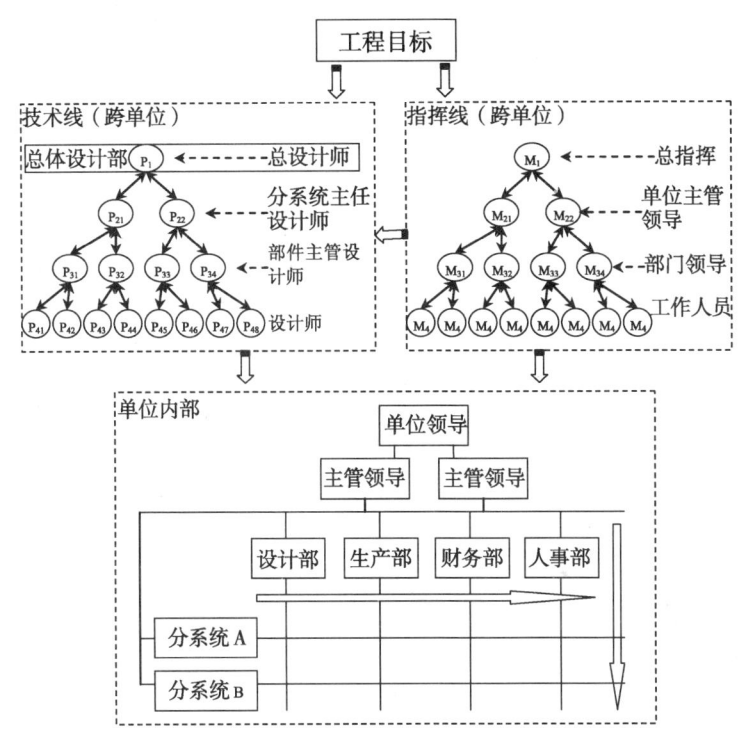

图 3.5　"两弹一星"工程组织管理模式示意简图

3.3.2　北京正负电子对撞机工程组织管理模式

20 世纪 80 年代的北京正负电子对撞机工程组织管理模式基本上代表了重大科学工程组织管理模式。北京正负电子对撞机是世界八大高能加速器中心之一，是我国高能物理研究的重大科技基础设施，由长 202 米的直线加速器、输运线、周长 240 米的圆形加速器（也称储存环）、高 6 米重 500 吨的北京谱仪和围绕储存环的同步辐射实验装置等 5 部分组成。北京正负电子对撞机是在以邓小平同志为核心的第二代党中央领导集体直接决策下实施的国家重大科学工程，邓小平同志亲自参加了工程奠基和落成仪式。

1983 年 12 月 15 日，北京正负电子对撞机（BEPC）工程列入国家重点工程建设项目，并成立由中国科学院、国家计委、国家经委、北京市的领导组成的四人工程领导小组。工程领导小组办公室设在中国科学院，14 个部委组成了工程非标准设备协调小组，组织全国上百个科研单位、工厂、高等院校大力协同攻关。土建工程由北京市负责全力保证。工程建设实行经理负责制的投资包干责任制，成立了工程指挥部，任命了总指挥和总设计师，工程组织管理模式简图如图 3.6 所示。北京正负电子对撞机于 1984 年 10 月在中国科学院高能物理所开工建设，1988 年 10 月建成，1990 年 10 月投入运行。

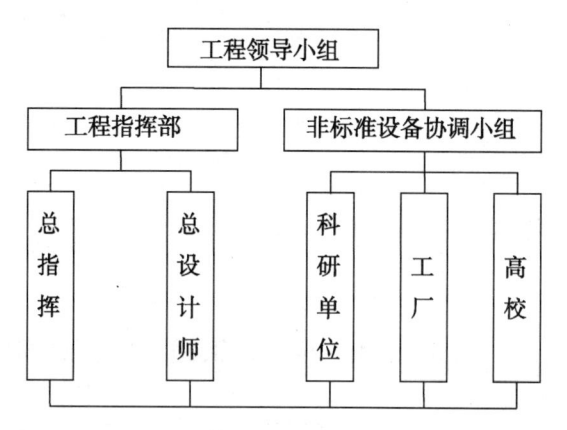

图 3.6　电子对撞机工程组织管理模式示意简图

北京正负电子对撞机的建成和投入运行，为中国粒子物理和同步辐射应用提供了基本研究实验手段和条件，成为跨部门、跨学科共同享用的实验研究基地，使中国高能物理研究进入了世界前沿，取得了具有国际水平的诸如实现 τ 轻子质量精确测量等成果。而且，正负电子对撞机所产生的同步辐射光作为特殊光源，在生物、医学、化学、材料等领域开展了广泛的应用研究工作。北京正负电子对撞机的建设还有力带动了我国相关高技术产业的发展，促进了我国计算机、探测技术、医用加速器、辐照加速器和工业 CT 等产业的技术进步，产生了巨大的经济和社会效益。

3.3.3 三峡工程组织管理模式

始于 20 世纪 90 年代的三峡工程组织管理模式是大型建设工程组织管理模式的典范。长江三峡水利枢纽工程，简称三峡工程，是中国有史以来建设的最大型的工程项目，是当今世界上规模最大的水电站，建筑规模最大，工程量最大，施工难度最大，施工期流量最大，防洪效益最为显著。三峡工程建筑由大坝、水电站厂房和通航建筑物三大部分组成，分为三期建设。三峡工程从首倡到正式开工有 75 年，从 1994 年开工，到 2009 年竣工，总工期 17 年。三峡工程总投资，静态（按 1993 年 5 月末不变价）为 900.9 亿元人民币，动态（预测物价、利息变动等因素）为 2039 亿元。三峡工程是新中国成立以来四代中央领导集体都极其重视的特大型建设工程。

1958 年 6 月，长江三峡水利枢纽第一次科研会议在武汉召开，82 个相关单位的 268 人参加，会后向中央报送了《关于三峡水利枢纽科学技术研究会议的报告》。1986 年 6 月，中共中央和国务院要求进一步扩大论证，责成水利部重新提出三峡工程可行性报告，以水利部部长为组长的三峡工程论证领导小组成立了由433位专家组成的14个专家组，进行了长达两年零八个月的工程论证。

1992年4月3日，七届全国人大第五次会议通过《关于兴建长江三峡工程的决议》，将兴建三峡工程列入国民经济和社会发展十年规划，三峡工程成为迄今唯一的经过我国最高权力机关全国人民代表大会审议和投票表决的水利工程。1993年1月，作为三峡工程最高层次决策机构的国务院三峡工程建设委员会成立，当时李鹏总理兼任建设委员会主任，由国务院副总理、相关部委和省市领导任委员，委员会下设三个机构：办公室、移民开发局和中国长江三峡工程开发总公司。三峡总公司是工程建设项目的法人，负责三峡工程的建设和建成后的运行管理，负责建设资金（包括枢纽工程费和移民费）的筹集和偿还。

三峡工程的建设管理，一改过去成立工程指挥部的做法，按社会主义市场经济的原则，实行国际上通行的以项目法人责任制为中心的招标承包制、合同管理制和建设监理制，工程组织管理模式简图如图3.7所示。三峡工程的设计由水利部长江水利委员会总成，于1994年成立三峡工程代表局，其管理、协调长江委派驻三峡工地的勘测、规划、设计、科研、水文及监理等各专业及职能部门的工作。三峡工程的施工，采用招标承包方式，优选施工承包单位。三峡工程的施工监理由三峡总公司聘用有资格的设计、科研、施工单位承担。三峡工程的水库移民安置实施工作由四川、湖北两省及库区淹没所涉及县的地方政府负责，部分移民外迁他省，部分省市进行对口支援。国务院三峡工程建设委员会专门组建三峡工程质量检查专家组，由其负责检查工程质量；组建三峡工程稽查组，对三峡工程资金运作及安全生产进行稽查。国务院先后专门成立由副总理任主任的长江三峡一期、二期、三期工程验收委员会，下设不同验收组，如长江三峡三期工程验收委员会下设枢纽工程、移民工程和输变电工程三个验收组。

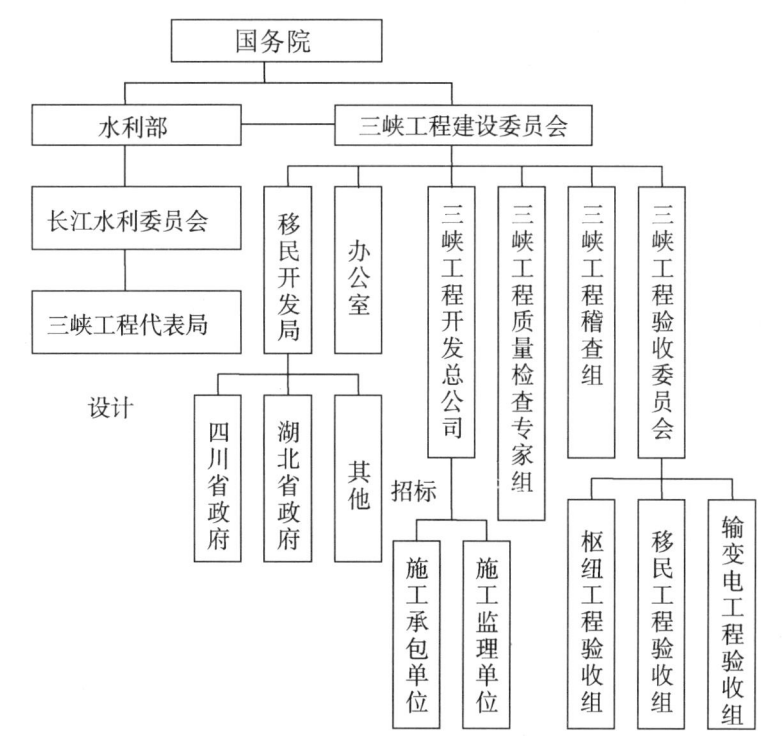

图 3.7 三峡工程组织管理模式示意简图

三峡工程在工程规模、科学技术和综合利用效益等许多方面都居世界级工程的前列。它不仅为我国带来巨大的经济效益，还为世界水利水电技术和有关科技的发展作出有益的贡献。建设长江三峡水利枢纽工程是我国实施跨世纪经济发展战略的一个宏大工程，其发电、防洪和航运等巨大综合效益，对建设长江经济带，加快我国经济发展的步伐，提高我国的综合国力有着十分重大的战略意义。

3.3.4 国家科技重大专项组织管理模式

新世纪国家科技重大专项组织管理模式是产业科技工程组织管理模式的代表。2006年2月9日，国务院发布了《国家中长期科学和技术发展规划纲要》（2006—2020）（以下简称《规划纲要》），确定了核心电子器件和高端通用芯片及基础软件、极大规模集成电路制造技术及成套工艺、新一代宽带无线移动通信、高档数控机床与基础制造技术、大型油气田及煤层气开发、大型先进压水堆及高温气冷堆核电站、水体污染控制与治理、转基因生物新品种培育、重大新药创制、艾滋病和病毒性肝炎等重大传染病防治、大型飞机、高分辨率对地观测系统、载人航天与探月工程等16个重大专项，涉及信息、生物等战略产业领域、能源资源环境和人民健康等重大紧迫问题，以及军民两用技术和国防技术。《规划纲要》还重点部署四个重大科学研究计划，即蛋白质研究、量子调控研究、纳米研究、发育与生殖研究。国家科技重大专项是为了实现国家目标，通过核心技术突破和资源集成，在一定时限内完成的重大战略产品、关键共性技术和重大工程，它以产业化为导向，是新世纪我国科技发展的重中之重。2006年5月29日温家宝总理主持召开国家科技教育领导小组第四次会议，对科技重大专项实施工作做了重要部署，确定了科技重大专项的组织领导体系，标志着科技重大专项的组织实施进入全面启动阶段[①]。

在市场经济条件下，如此大规模地实施国家科技重大专项，在我国科技发展历程中是史无前例的，没有现成的国内外经验可

---

① 中华人民共和国科学技术部. 国家科技计划2009年年度报告［DB/OL］. ［2010—10—30］ http：//www.most.gov.cn/.

供套用。因此，确保重大专项顺利实施和取得良好效果的前提，就是要建立起一整套符合新时期国家科技重大专项特点的科学、有效、动态的组织管理体制机制。科技重大专项实行自上而下、分级分层的组织管理体系。科技重大专项的组织实施由国务院统一领导，国家科技教育领导小组负责统筹、协调和指导，每个专项成立一个领导小组，并确定相应的牵头组织单位。科技部作为国家主管科技工作的部门，会同国家发改委、财政部等有关部门（简称"三部门"），做好重大专项实施中的方案论证、综合平衡、评估验收和研究制定有关的配套政策工作。科技部增设了科技重大专项办公室，以做好科技重大专项实施的组织协调、信息综合和支撑服务。为了加强三部门的沟通与配合，三部门建立了科技重大专项联席会议制度，及时沟通、协调科技重大专项实施中的重大问题，同时确定了各重大专项的部际联络员，及时掌握各科技重大专项组织实施的进展情况，发现存在的倾向性问题和困难。三部门还组建了高水平的论证专家委员会，组建了论证秘书组。各专项领导小组分别由多部门共同组成，负责组织制定本专项的实施方案，审定专项实施计划，指导、检查和督促专项的实施，下设专项领导小组办公室。专项牵头组织单位是专项实施的责任主体，在专项领导小组的领导下，负责牵头组织专项的实施工作。每个专项都组建了由技术、产业、经济和管理等各方面专家参加的实施方案编制专家组。各专项都组建了实施管理办公室和总体组，具体负责专项的组织实施工作。专项实施管理办公室由牵头组织单位会同领导小组成员单位组成，具体负责专项实施的行政管理工作；总体组由技术、管理和金融等方面的权威专家组成，是专项实施的技术责任主体，具体负责技术方案设计、协调和落实。行政管理和技术管理的有机结合，保证了决策的科学化和民主化。重大专项任务的承担实行法人负责制，法人单位是项目（课题）实施的责任主体。

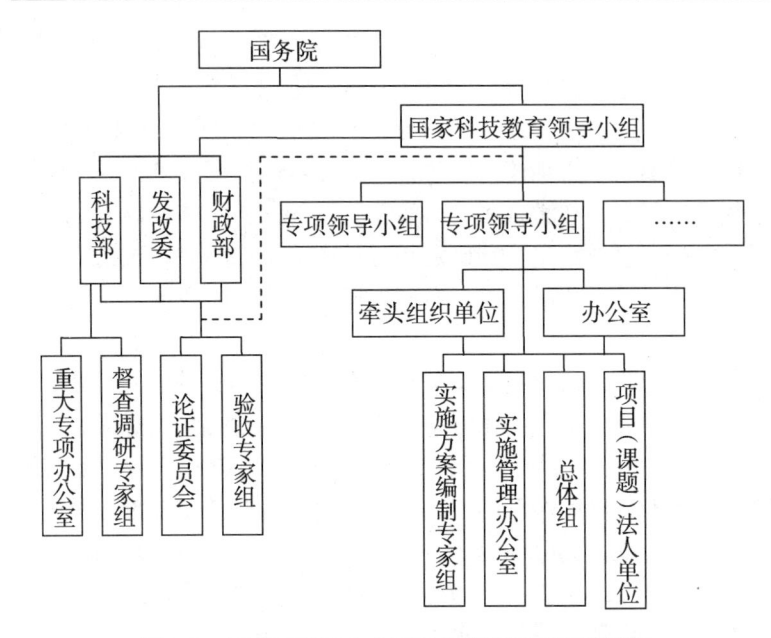

图3.8　国家科技重大专项组织管理模式示意简图

科技部、国家发改委、财政部联合制定印发的《国家科技重大专项管理暂行规定》提出了科技重大专项的组织管理框架，细化了专项组织实施主体的职责和工作流程，如图3.8所示。在科技重大专项组织实施过程中，不断探索完善市场经济条件下的新型举国体制，在统筹协调、责任落实、产学研用、监督评估等方面逐步形成了重大专项实施的新机制。一是建立了统筹协调机制。科技部牵头，会同国家发改委和财政部，强调了重大专项综合协调、整体设计、协同推进。二是强化了责任落实机制。明确了各专项第一行政责任人和专职技术责任人，进一步健全了行政和技术两条线的组织管理体系。三是深化了产学研用结合机制。强化企业创新主体地位，强调产业化和工程类项目由企业牵头来承担,大飞机、大型核电站、油气开发3个专项依托行业龙头企业牵头实施,数控机床、核高基、集成电路装备、宽带移动通信等4个专项2/3以上的课题由企业牵头。以创建产业技术创新战略联盟为抓手,推动产学研用深度结合。四是探索完善了监督评估机制。科技部牵头组织督查调研专家组分别对各个专项实施情况进行全面系统的监督检查。有的专项还引入了第三方监督与评估机构。

3.4　我国重大科技工程全生命周期组织管理过程

重大科技工程由成百上千家、甚至上万家企业或科研单位完成攻关任务,因而它需要政府部门组织协调,并投入大量资金,制定相关政策以扶持,特别是那些外部效应显著的项目,单纯依靠市场机制很难自发地实现资源的有效配置,政府组织管理的作用就显得更为重要。无论国外还是国内,无论过去还是现在,重大科技工程都是在政府主导下实施的,采取政府直接投入或间接投入的方式。重大科技工程立项的主体是政府,实施的主体是国有企业、公立大学、国家研究院所,评估验收的主体是政府成立的专家委员会。从全过程来看,重大科技工程是在政府掌控下立项、实施、评估、验收的,每一个环节既有区别又有联系。因此,在宏观上,重大科技工程实行的是政府领导下的立项实施验收一体化的全过程组织管理模式,如图3.9所示。

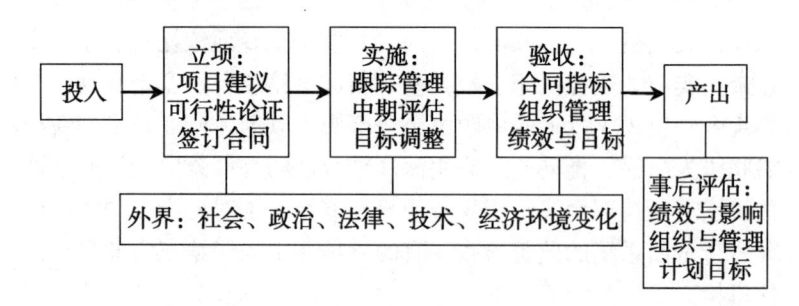

图 3.9　我国重大科技工程组织管理过程

3.4.1　立项组织管理

图 3.10　立项组织管理过程

（1）工程项目建议。我国重大科技工程也经历了由科学家或高层决策者自发提出的非程序化决策到政府有目标、有计划的程序化组织决策的演化过程。例如，1956 年 2 月，钱学森向中央提出《关于建立我国国防航空工业的意见书》（为了保密，用"国防航空工业"一词来代替火箭、导弹和航天技术），为新中国火箭导弹技术的发展提出了重要的实施方案。面对帝国主义的武力威胁和大国的核讹诈，毛泽东在 1958 年先后表示"我们也要搞人造卫星！"、"搞原子弹、氢弹、洲际导弹"。在当时中国技术、经济十分落后和艰苦的情况下，很多科学家从此开始投入"两弹一星"研制计划。1972 年 8 月，张文裕等 18 位科技工作者给周恩来总理写信，提出发展中国高能物理研究的意见，从此开始了周恩来、邓小平先后直接关心下的中国高能加速器建设的过程。

时至今日，重大科技工程的立项建议主要采取政府主管部门和科学家互动的"自上而下与自下而上"相结合的重大科技计划组织方式，如"863"计划、"973"计划、科技支撑计划、《国家中长期科学和技术发展规划纲要》等，这些计划均在国家科技计划体系当中，载人航天工程于20世纪80年代被列入了"863"计划，于2006年和探月工程一起再次成为《国家中长期科学和技术发展规划纲要》中的重大专项，并启动实施二三期工程。"自上而下"是指政府主管部门按照重大科技工程计划的目标确定工程项目选择范围，组织重大科技工程备选项目，这种组织方式有利于从整体上把握重大科技工程计划的宏观战略目标。但是由于难以全面了解组织内部的科技资源状况，可能会导致科技资源的浪费，特别是可能会因忽视科学家的意见而丧失新的技术机会、商业机会。"自下而上"是指由科学家结合自身研究兴趣和优势，向政府主管部门提出重大科技工程备选项目。这种组织方式有利于发挥科学家的创造性，但是存在项目目标偏离计划目标的可能性。而"自上而下与自下而上"相结合的重大科技工程立项建议方式有效克服了仅采用单一方式的弊端。

（2）工程项目评审和可行性论证。考查国家"十一五"科技计划体系中的国家科技重大专项、国家高技术研究发展计划（863计划）、国家科技支撑计划、国家重点基础研究发展计划（973计划）的立项程序，重大科技工程立项一般包括申请、审批和签约等三个基本程序。工程项目的申请一般按各类国家科技计划管理办法规定的渠道、方式、时间执行。科技管理部门在启动工程项目申请工作之前，一般会根据科技发展规划和战略发布工程项目指南或优先领域，并依据计划的性质、宗旨和功能定位明确申请工程项目的选择范围、领域、性质、规模、目标方向等，确定工程项目申报的时间、渠道、方式。

经科技管理部门或者由其委托的有关机构对工程项目建议书进行讨论、咨询和审查后，符合条件并通过审查的工程项目可以进入可行性论证或评估。可行性论证或评估报告应对工程项目给出可行、不可行或者需作复议的明确结论意见，并交科技计划管理部门负责审核。对论证结论为"需作复议"的工程项目，应对有关内容进行必要的修改，然后将修改完善之后的论证报告送科技管理部门进行复审。

对于确定立项并列入国家科技计划的工程项目，科技管理部门将给予批复，并根据管理公开制度在相关范围或者媒体向社会公众发布列入计划工程项目公告。公示公告之后科技管理部门根据不同计划性质通过合同或计划任务书形式确定工程项目各方的权利和义务。

科技工程项目立项评估评审作为重大科技工程管理和决策程序必要的组成部分，是在科技管理部门在工程项目选择决策前，委托专业评估机构或者组织专家，从技术角度和经济角度及科技工程项目完成后所产生的社会效益等方面，对工程项目可行性研究报告进行分析和评价。其目的是为科技计划主管部门在确定工程项目是否可立项方面提供参考和决策支持。重大科技工程立项评估评审的主要内容包括：重大科技工程立项的必要性、研究目标及技术路线的可行性、科技成果的应用或产业化前景、重大科技工程实施的人员、设备及组织管理等条件。

科技工程项目立项评估评审是从独立角度对科技工程项目的前景进行评价，要求评审必须站在客观公正角度开展工作。一般具有下面以下特征：1）一个独立评估机构和专家组对委托部门负责或者对委托评审的工程项目负责，独立评估评审能够摆脱部门、地区的行政干预和局限性；2）工程项目评审通过对可研报告提供的多个选择方案再次分析论证后，为科技管理部门决策提出选择意见；3）工程项目立项评估评审程序为科技工程项目选择决策的科学化提供有力的保证。

（3）成立顶层领导机构和签订工程项目合同。重大科技工程经过可行性论证之后，确定可以实施，则首先在中央政府直接指导下，成立重大科技工程领导小组（或委员会）作为重大科技工程的专门管理机构。它的主要职能是受政府主管部门及其他相关政府部门的委托，对重大科技工程进行统筹协调和日常管理。重大科技工程领导小组（或委员会）下设办公室和分委员会。在重大科技工程实施后期或结束后持续运营阶段，这些领导小组（或委员会）以及下设办公室和分委员会常常由非常设机构转变为常设机构，国防和民用领域的很多常设组织都是来源于此，当然有的领导小组（或委员会）则被取消了。

签订工程项目合同是重大科技工程立项组织管理的最后一个环节，既是工程项目建议评审和工程项目可行性论证结果的总结，又是为重大科技工程实施过程管理、验收管理和后评估提供依据，也正是在这一环节最能体现重大科技工程组织管理的系统化思想，即在提出工程项目实施的技术路线和有关工程项目考核的技术和经济指标的同时，考虑工程项目实施过程管理和工程项目验收的需要。例如，在工程项目合同中明确工程项目执行过程的技术关键点和相应的技术、经济指标，以便工程项目实施过程管理，工程项目合同中供考核用的有关技术、经济指标应该是可比较、可度量和可评价的指标，以便工程项目的验收；在工程项目合同中还应该明确规定工程项目合同考核指标变更的程序，即只有政府才有权力决定更改工程项目合同考核指标。实践中，经常出现工程项目实施的技术关键点不明确，工程项目考核指标的可测量、可比较和可评价性差的情况，致使工程项目过程评估难以得出准确判断，工程项目验收评估也难以准确判断工程项目完成好坏，例如，有的工程项目将探索内容和争取达到的指标也列入合同考核指标。科研活动不确定因素很多，提倡探索是正确的，但不应把探索的内容和争取达到的指标也列入合同考核指标。

3.4.2 实施组织管理

（1）重大科技工程实施组织程序。科技管理部门和授权或委托的工程项目组织实施管理机构负责工程项目的实施和管理。科技管理部门负责确定工程项目组织实施的管理机构和管理模式；审查工程项目的专家咨询委员会；审查工程项目的年度执行报告、工程项目完成后的总结报告和工程项目经费的预决算；组织或委托其他组织或机构进行工程项目中期检查或评估；组织协调并处理工程项目实施中需要协调、处理的问题。

受科技管理部门的授权或委托，工程项目组织实施管理机构对工程项目目标的实现、任务的完成、关键技术的突破以及涉密工程项目的科技保密等，承担组织实施的责任。工程项目组织实施管理机构负责匹配工程项目约定支付的科技经费；定期报告工程项目的年度执行情况和年度经费决算，协同科技管理部门进行工程项目执行情况的检查或者评估，协调工程项目的实施并进行技术保密的实施管理；实施工程项目统计调查，并督促工程项目科技成果完成单位办理科技成果登记手续；向科技管理部门报告工程项目实施过程中难以协调的问题。

工程项目承担者负责严格执行合同或者计划任务书，完成工程项目的目标任务；真实报告工程项目的年度完成情况和经费年度决算；接受科技管理部门和工程项目组织实施管理机构对工程项目执行情况的监督检查；接受并配合科技管理部门委托的有关中介机构所进行的中期评估或者验收评估，准确提供相关的数据和资料；及时报告工程项目实施中出现的重大事项；填报科技计划统计调查表和科技成果登记表；报告工程项目实施中知识产权管理情况和提出知识产权保护的建议。

（2）重大科技工程实施组织管理方式。对于重大科技工程，实施进度管理方式有阶段总结、现场检查考核和会议汇报咨询等。阶段总结是按照工程项目实施过程中的重要节点或时间节点进行阶段性工作的总结和汇报，通常需要编制并提交有关总结报告，由上级主管部门及其委托管理机构对其工程项目执行情况进行评价或评估。但是限于受评内容及受评方式的限制，无法对科研细节及其工作质量进行有效的评价。这种方式适用于基础性探索研究阶段的过程管理。现场检查考核是按照工程项目实施过程中的重要节点由工程项目主管部门组织有关管理专家对工程项目情况进行现场检查。这种过程管理方式比较适合于工程技术类工程项目，但这种方式一般时间较短且工程项目执行信息量较大，管理专家需要在短时间内对工程项目执行的质量进行评价并对工程项目执行中可能出现的问题提出咨询建议，对专家的管理经验和技术背景要求比较高。在工程项目管理实践中，常常保持管理队伍的一致性，以了解工程项目的整体情况、实施过程。由于这种管理方式能直接了解到工程项目实施进展，并能够与实施方就工程项目情况进行充分的交流，已在重大科技工程管理中被广泛采用。会议汇报咨询是指由工程项目上级主管部门根据管理工作需要集中组织有关专家，听取工程项目实施方的总结汇报并给出评价和咨询意见。这种管理方式由于能较为系统地了解到全部工程项目的执行情况，便于各个工程项目执行情况的横向比较，因此成为重大科技工程过程管理所普遍采用的方式。但是由于不同工程项目间的研究方向可能存在较大差别，因此对管理专家的专业素质及专业知识面要求较高。

阶段总结、现场检查考核和会议汇报咨询是目前重大科技工程过程管理的基本方式。在管理实践中，常常是将几种管理方式结合起来使用，取长补短，充分发挥各种模式的优点，以提高重大科技工程的管理绩效，从而更加有效地保障国家目标的实现。另外，在我国"十五"期间，对重大科技工程的管理体制进行了探索和创新，例如，采用"课题制"管理，由课题负责人全面负责课题的组织和实施；重大科技工程试行监理制管理，委托技术监理对工程项目实施进行管理；重大科技工程探索了"业主制"管理模式，由具备法人资质的机构负责二级工程项目的组织实施管理。

（3）重大科技工程实施组织管理方法和结构。重大科技工程实施组织管理的全过程应贯穿系统工程的思想和方法，按照系统论"整体—分解—综合"的原理将系统分解为许多责任单元，由责任者分别按照要求完成计划目标，然后通过汇总和综合形成最终成果。从全寿命周期角度来看，任何模块或阶段的失误都会对整个工程项目造成全局性的影响。目前，重大科技工程方案论证通常邀请多名领域内高层次专家联合进行，形成包括工程项目分解方案在内的比较完整的论证方案。但是在具体实施中由于缺乏工程项目管理的有效支持，经常造成了子工程项目布局分散且独立、技术研究和开发各自为政等局面，加上各个单位知识产权的归属等原因，相当多的重大科技工程很难实现有效集成。因此，运用系统工程方法，加大重大科技工程实施组织管理，并且在其战略研究中应明确和定义重大科技工程的实施目标，由重大科技工程专家组提出框架设计，面向全国范围选择和组织跨地域、跨系统、跨部门的课题承担团队，通过制定严格的工程项目计划和基于公用模块的构件化结构实现分布式的工作协同机制，最终完成关键技术产品开发目标。

在宏观上，重大科技工程的实施对应于工程系统分解常采取分散型跨组织结构形态，甚至形成分散型产学研集群，然而在微观企业层面，常采用矩阵结构组织形态。大型水利水电类和大型复杂产品类重大科技工程实施过程有所不同以致所形成的组织管理模式也有所不同。水利水电类重大科技工程一般采用业主、设计、施工、监理分立的专门企业集群型组织管理模式，目前我国工程实施已有设计—招标—建造（Design - Bid - Build，DBB）模式、设计—建造（Design - Build，DB）模式、建设工程管理（Construction Management，CM）模式、建造—运营—移交（Build - Operate - Transfer，BOT）模式、设计—采购—建设（Engineering - Procurement - Construction，EPC）模式、合伙（Partnering）模式、项目总控（Project Controlling，PC）模式、项目管理（Project Management，PM）模式、PFI（Private Finance Initiative，PFI）模式、国家私人合营公司（Private Public Partnership，PPP）模式等①。大型复杂产品类重大科技工程常采取行政调控下的主供集成的企业集团型实施组织管理模式，企业集团内设多个子企业，子企业内部常采取矩阵结构，总体上是直线职能结构和矩形结构相结合。我国常常为了一个重大科技工程的实施新建一个大型企业集团或在一个现有的企业集团内实施，企业集团规模很大，产供销一条龙，围绕企业集团的其他供应商很少。因此，重大科技工程常在企业集团自上而下的行政调控下具体实施。

3.4.3 评估组织管理

重大科技工程评估组织管理的目标是审核工程项目目标的先进性、可行性，监督工程项目实施进度、质量和水平，找出工程项目实际执行情况与工程项目合同规定的考核指标的偏差，评价

---

① 陈柳钦. 国际工程大型投资项目管理模式简介. 中国市政工程，2006（1）：55—92.

外部经济和技术等环境变化的影响，决定工程项目目标调整。工程项目评估组织管理主要包括工程项目跟踪管理、工程项目中期评估和依据中期评估调整工程项目目标三个方面。工程项目跟踪管理和中期评估是实施工程项目调整的主要依据，同时又依赖于工程项目立项时制订的考核指标。评估组织管理过程如图3.11所示。

项目建议（备选项目、评审）→ 可行性论证（论证、修改）→ 签订合同（目标、指标）

图3.11　评估组织管理过程

（1）工程项目跟踪组织管理。目前，重大科技工程多数采取滚动方式，按年度实施，工程项目跟踪管理的目标就是通过定期有效的监督和控制调整工程项目目标以适应外界技术环境的变化，从而保证目标的实现。现有的管理办法通常要求工程项目提供年度总结报告，并在此基础上对工程项目进行年度检查、评议，并提出书面报告。从重大科技工程管理的实践来看，工程项目跟踪管理是比较薄弱的环节，例如对于工程项目查新没有专门的要求。事实上，工程项目查新工作不仅在工程项目立项时具有重要意义，在工程项目实施管理和验收中同样不可缺少。工程项目跟踪管理不仅要按合同或者任务委托书检查工程项目的进展，确定工程项目实际进展和既定目标的差距，找出原因并提出解决问题的方法，更重要的是对工程项目目标进行跟踪查新，即考察外部政治、社会、法律、技术、经济环境变化对于工程项目目标的影响程度、特别是经济、技术环境变化影响，确定是否修改工程项目目标继续实施或者是中止工程项目实施。只有时刻把握工程项目目标的先进性、科学性和可行性，才能保证重大工程项目的投资者利益。实践中，由于外界环境变化而使工程项目研制失去意义的案例并不少见。

（2）工程项目中期评估组织管理中期评估是工程项目实施管理的重要内容。由于重大科技工程通常具有研制周期长、涉及面广、投资强度高、不可预见因素多、技术难度高等特点，工程项目目标受外部环境变化的影响比较大。因此，选择工程项目实施的关键时机，评估工程项目既定目标的有效性，考核工程项目进度和质量，对于确保工程项目实施成功具有重要意义。目前，国内大部分重大科技计划对于工程项目中期评估没有专门的规定，说明管理人员对于工程项目中期评估作用的认识还不足。值得指出的是，工程项目中期评估和工程项目年度检查和评估虽有相似之处，但是差别更大。工程项目年度检查和评估虽然也评估工程项目目标的有效性，又依据评估结果调整工程项目的目标以适应外界技术环境的变化，但重点是通过定期检查有效地监督和控制工程项目进度和质量，从而保证计划目标的实现。工程项目中期评估所选择的时机为工程项目实施的中期，通过检查工程项目实施与工程项目考核指标的偏差以及计划、工程项目目标的变化，可以发现较多的问题并及时调整，从而对保证工程项目完成的质量，具有特别重要的意义。

3.4.4 验收组织管理

验收组织管理过程如图 3.12 所示。

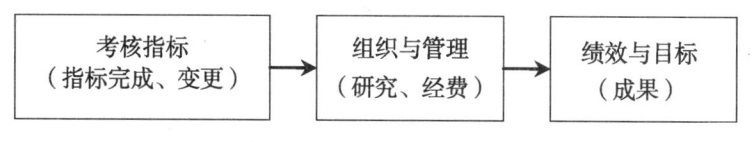

考核指标（指标完成、变更） → 组织与管理（研究、经费） → 绩效与目标（成果）

图 3.12 验收组织管理过程

现行的重大科技工程管理办法对于工程项目验收的要求比较具体，例如要求工程项目提交的验收材料包括合同、可行性报告、总结报告、重大成果鉴定报告和经费决算表等。通常由工程项目投资方或者由投资方授权其代表组织专家验收组进行验收。验收的主要内容是检查工程项目合同完成情况、评价工程项目绩效和组织管理工作、审计工程项目经费使用情况、评估工程项目目标的科学性和合理性。

（1）工程项目组织验收程序。工程项目验收的组织工作由科技管理部门委托工程项目实施管理机构进行。对于跨行业、跨部门、跨地域的重大科技工程验收，由科技管理部门负责主持。工程项目验收以批准的工程项目合同文本、可行性报告或计划任务书约定的内容和确定的考核目标为基本依据，对工程项目产生的科技成果水平和应用效果及对经济社会的影响、实施技术路线、攻克关键技术方案和效果、知识产权的形成、工程项目实施的管理经验和教训、科技人才的培养、经费使用的合理性等作出客观评价。

工程项目的承担者在完成技术、研发总结基础上向工程项目组织实施管理机构提出验收申请并提交有关验收资料及数据。工程项目组织实施管理机构审查全部验收资料以及有关证明，对于合格的，向科技管理部门提出工程项目验收申请报告。科技管理部门批复验收申请并委托工程项目组织实施管理机构组织验收，验收一般在委托有关社会中介服务机构对研究开发成果完成客观评价或者在鉴定后进行。科技管理部门负责批准工程项目验收结果。

工程项目组织实施管理机构在组织工程项目验收时，临时组织工程项目验收小组，有关专家成员由工程项目组织实施管理机构提出并经科技管理部门批准后聘任。工程项目验收小组由专业技术、经济和企业管理等方面的专家组成。验收小组的全体成员在查阅工程项目验收全部资料和进行现场实地考察的基础上，收集听取相关方面的意见并核实或复测相关数据，独立负责地提出验收意见和验收结论。工程项目组织实施管理机构根据验收小组或者评估机构的验收意见，提出通过验收、不通过验收或需要复议的结论建议，由科技管理部门最后审定。

（2）工程项目组织验收内容。

首先，检查工程项目合同考核指标的达标情况。验收工作的依据是立项合同中可测和可评的考核指标，验收管理要求验收意见按照考核指标明确给出肯定或否定的意见，使验收委员会难以回避工程项目中的问题。值得指出的是工程项目目标以及相应的考核指标的变更只有工程项目委托方或者其代表有权批准，有关批准书在验收时向工程项目验收委员会提供。

其次，评估工程项目的组织管理，包括审核工程项目经费使用的合理性，分析工程项目所设课题和子课题的相关度，评价工程项目主管单位、项目负责人、课题负责人之间信息沟通的方式和有效性及工程项目实施调控的手段和效果。

最后，对于工程项目获得的成果进行确认和评价。现行的重大科技工程管理办法中没有详细规定重大科技工程验收委员会及其成员的责权以及如何监督工程项目验收委员会的工作。特别是对验收委员会工作失职的责任基本上没有规定。因此很难保证工程项目验收委员会工作的客观公正。调研中发现，有的工程项目验收委员会在没有对工程项目提交的材料进行仔细审核的情况下，就在验收意见中对工程项目本身总结报告中的评价性意见进行认可，更有甚者对工程项目总结报告中的一些明显错误也视而不见。有关工程项目管理办法没有规定如何监督工程项目评审委员会工作以及如何处罚工作失职的工程项目评审委员会及其成员。

3.5 我国重大科技工程组织管理的协同问题

以重大科技工程全生命周期组织管理过程为主线，分析我国重大科技工程组织管理中出现的问题，不但有立项、实施、评估、验收四个组织管理层面之间的组织关联协调问题，还有各个层面内部的组织单元协同问题，主要集中于实施管理层面众多组织之间的关联协同问题。在重大科技工程实施过程中，大量各种类型的组织单元构成一个非常复杂的协同网络系统。因此，重大科技工程实施管理层面现实问题的解决迫切需要完善的组织协同网络理论给以指导和支持。

1. 组织协同关联现实问题

（1）纵向层级的协同问题。

1）立项组织管理层和实施组织管理层之间的协同问题

国家实施重大科技工程的根本目的在于发挥科技的第一生产力作用，进而带动相关产业乃至国民经济的发展。但现行的一些组织管理方法多着眼于科研立项阶段的管理，存在着立项审批严格、项目实施过程调控及评估验收相对较弱的现象。同时，由于政府部门之间职能权限划分的原因，使得一些项目成果转化及产业化和项目组织管理相互脱节，导致科技和经济分离，这在很大程度上削弱了实施重大科技工程应有的作用。

由于重大科技工程的管理工作通常涉及部门较多，有时会出现谁真正代表投资方问题。这种问题主要反映在不同业务主管部门间的协调上。如果有两个以上的投资方代表并且相互之间缺乏协调，必然会严重导致重大科技工程的组织管理且相关立项组织管理手续繁琐。

重大科技工程立项的前期调研工作不到位，一些关键共性技术很少有企业、高校、科研院所申报,编制的项目规划计划就难以解决一些公共科技问题,不能很好地发挥产业带动作用,甚至不能够有效解决项目重复立项等问题,一定程度上影响了科技经费使用效率。

2) 立项组织管理层和评估验收组织管理层之间的协同问题

重大科技工程管理部门组织专家或委托评估机构对重大科技工程的立项情况进行评价和论证,目的在于加强重大科技工程立项管理的科学化、规范化,合理配置和优化运用科技资源,以求在有限的时间和空间上获取最合理和最有效的科研目标。然而,现行的立项过程仍然存在着一些不合理现象,尤其是评审部门既是评审管理者又是评审组织者,同时还是评审监督者。虽然邀请专家进行了具体评审,但在特定利益驱使下,行政干预专家评估验收的情况难免发生。

在立项评审和论证的过程中,同行评审也存在着一些不足。随着科技高速发展和科技信息量急剧加大,即使是专家也仅能对自己所研究的方向有比较深入的认识,传统的同行评议受限于个体专家对相关技术领域最新成就了解的深度、广度和及时程度,导致专家对特定技术领域现状把握不够,就使得重大科技工程立项评审缺乏对技术领域现状充分把握的基础,这样,基于专家直觉或者有限知识范围的评估,往往缺乏深入力度的佐证和前瞻性判断,导致某些科技计划项目立项缺乏必要性、创新性和科学性。还有部分管理人员过分依赖评估评审的结果,反而缺乏对评估评审的监督,而监督角色的缺失是评估评审公正性无法保证的一个主要原因。

3) 评估验收组织管理层面和实施组织管理层面之间的协同问题

重大科技工程实施的过程评估没有得到足够的重视,虽然在实施过程中进行中期检查,但是对检查时点的选取、检查结果的发布等还未形成规范，且对重大科技工程的评估监督管理大多为短期行为，无法实现真正的全过程动态评估和监督管理，失去了评估和监督管理的真实意义。另一方面，评估验收组织管理方法缺乏专业化、规范化。目前，评估验收组织管理的方法采用项目承担单位上报年度项目执行情况表、结题报告和管理部门抽查方式，这种方式过于简单，无法掌握重大科技工程真实的实施情况及科技资金的安全性，缺少项目经费使用评估验收严格审查环节，更无法了解重大科技工程技术研发的真实情况，导致评估验收监督管理更多流于形式。同时，评估验收管理机制有待进一步完善，一些评估验收专家不适合于特定重大科技工程的专业范围要求，难以进行评估和验收，或专业相同，同行容易结成同盟，掩盖重大科技工程实施中出现的不足。

(2) 横向层次的协同问题。横向层次的协同关联问题主要出现在立项组织管理层内部和实施组织管理层面内部，尤其是实施组织管理层面，而不涉及在评估组织管理层面和在验收组织管理层面内部。

1) 立项组织管理层面

目前，重大科技工程立项组织管理采取了多部门管理模式，分别有科技部、财政部、发改委及行业部门参与方案论证、综合平衡和制定配套政策等工作，这对于动员各方面力量参与科技管理、整合资源有利。但由于我国长期存在的行政分割、部门利益和缺乏问责等根深蒂固的问题，从而出现多头管理、各自为政和衔接不够的现象，导致了重大科技工程的决策效率低下，责权利不很清晰，文件在各行政部门审批周转时间过长，常常议而不决，制度和管理办法出台比较滞后，部门利益难以协调，外行领导内行等等一系列问题，且审批层次多致使一些重大科技工程的组织和政策落实过程缓慢。同时，现有统筹协调方式多为联席会议，各部门间还未形成较好的重大科技工程信息互通机制和任务衔接机制，尚无一个专门的有力的协调管理机构统筹重大科技工程的组织管理工作，不能有效地实现资源整合和配置。

2）实施组织管理层面

目前，重大科技工程一般采用项目/课题制管理方式，项目自顶向下逐层分解为多级子项目和课题，课题的研究和管理通常以课题组为基本单位，实行课题责任人负责制，允许跨部门跨单位择优聘用课题组成员。一方面，由于课题承担单位是在全国范围择优确定，而我国科技和产业资源分布比较分散，由此造成课题的多个承担单位分布在全国的不同地方。特别是在知识经济时代，分布式项目组织结构不断增多，并且随着重大科技工程涉及领域越广泛，参与研究单位越多，由此造成统筹协调难度越大。另一方面，课题组及其成员的分布广泛模式有利于营造宽松自由的管理环境，有利于优势研究开发资源的互补和搭配，但是也容易造成管理松散化。因此，分布式环境下的项目/课题管理协同与集成问题等都是需要解决的问题。同时，重大科技工程在实施过程中涉及产学研合作，强调科技成果的产业化，如何理顺企业、高校、科研院所的关系，以发挥企业技术创新主体的作用与高校和研究院所科技支撑和特色研究的作用，实现产学研的有机结合，将科技创新由政府组织转变为企业技术创新自觉行动与高校和研究院所科学创新主动行为，保障科技成果产业化实施，这也是一个迫切需要解决的问题。

2. 组织协同网络理论问题

重大科技工程的任务由大量不同组织中的众多人员来承担，重大科技工程的研制要遵循决策管理、组织管理、技术管理、知识管理、综合集成研讨相互统一的规律和特点，如图 3.13 所示。对于重大科技工程组织管理的协同关联现实问题，有些可以通过制定和完善相关规章制度加以解决，还有一些则需要从根本上改变大量组织所构成的协同网络的管理体制和运行机制，对组织链接关系进行理顺，对组织协同网络进行优化设计，加强项目实施过程中各参与方的任务（产品）协同及其创新协同。只有这样，才能符合重大科技工程研制的相互统一规律性，才能提高公共科技投入效率，实现科技资源利用的最优化，强化重大科技工程的引领作用。

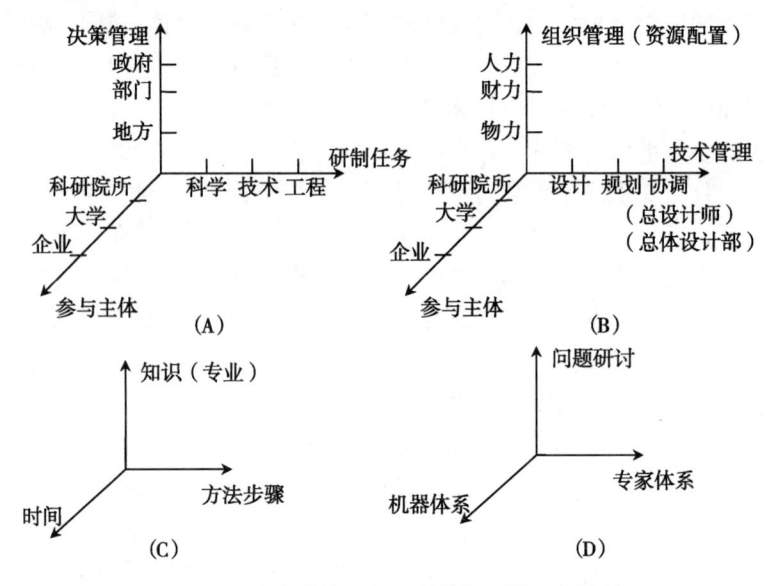

图 3.13　重大科技工程研制的相互统一规律性

注：于景元在重大科技工程组织管理问题研究专家讨论会上绘制（2010 年）。

重大科技工程组织协同网络是一个由动态结点（产学研实体组织）的网络联接构成的有机的组织系统，通过网络成员任务（产品）和科技合作实现网络目标。重大科技工程组织协同网络理论研究问题主要集中在两个方面：一个方面是如何描述组织协同网络结构和识别构成要素。任务、管理者和科技资源（科技人力资源、财力资源、物力资源）构成了重大科技工程组织协同网络的三大基本变量。结点与结点间的联系构成组织协同网络的硬件，运作机制与网络整体的管理与协同机制等构成网络的软件。结点及其相互联结是组织协同网络的基本构成要素，重大科技工程组织协同网络的核心问题在于能够诱发各种交互作用的网络关系及其构造。另一个方面是怎样构建组织协同网络和设计协同机制，主要集中在组织进入或构建网络进行协同的动机以及组织协同网络形成的条件和影响因素方面。考虑到中国特色的政治环境和计划经济向市场经济转轨的经济环境，立足于重大科技工程管理实践，组织协同网络构建原因包括基于权力（职权）动因和基于利益（契约）动因两种。

3.6 本章小结

本章通过文献理论研究、专家咨询和案例分析法，以重大科技工程的立项、实施、评估、验收为主线，考量政府、企业、第三方机构的角色定位，首先对美国重大科技工程组织管理模式进行分析和总结，从中得出对我国有益的经验和启示，即对于我国重大科技工程组织管理，必须加强顶层领导和协调，体现技术、产品、企业、产业、经济一体化的战略布局设计，明确企业的实施主体地位，促进产学研合作创新，强化第三方独立机构的评估和验收作用。其次，对我国典型重大科技工程组织管理模式进行了概括总结和提炼，剖析了我国重大科技工程全寿命周期组织管理过程，找出了其中存在的实践问题，不仅有立项、实施、评估、验收四个组织管理层面之间的纵向组织协同关联问题，还有各个层面内部的横向组织单元协同问题，主要集中于实施组织管理层面众多组织之间的关联协同问题，因而提出了针对重大科技工程实施组织管理层面的组织协同网络管理模式的科学问题。

第4章　重大科技工程组织协同网络构建及复杂性分析

　　围绕着重大科技工程的组织实施，在政府主导下，数量众多的各类组织进行任务协同、产品协同以及技术协同，链接成一个庞大的复杂有序网络。结合我国重大科技工程组织管理实际状况和需求，本章基于组织理论、协同理论和网络组织理论，运用系统工程和项目管理方法和技术，提出理论层面的重大科技工程组织协同网络的构想，并分析其构建原则，设计出相应的模型，探讨其中的组织协同管理过程，这对于重大科技工程组织管理具有重要的指导意义。考虑重大科技工程组织协同网络的核心问题在于能够诱发各种交互作用的网络关系及其构造，主要集中在重大科技工程组织协同网络形成的动因和链接关系上，初步提出两种重大科技工程组织协同网络管理模式，以期为后续章节理论分析提供支撑。同时，重大科技工程组织协同网络是一个多主体系统，它的复杂性表现在实体要素、实体间的关系、网络结构与管理运行方式等方面。本章又基于复杂性科学理论，分析重大科技工程组织协同网络的实体、结构、整体的复杂性以及复杂性的机理，并运用熵理论构造定量评价重大科技工程组织协同网络复杂性的信息熵和结构熵模型，以此为基础对前述的集中型、适应型、分散型三种组织协同网络模型进行熵运算，定量比较三模型，得出相应的研究结果和结论，以指导三模型的具体应用。

4.1 组织协同网络构建的理论依据及其适用原理

4.1.1 协同理论

作为系统科学的一个重要分支,协同论是一门以研究完全不同学科中共同存在的本质特征为目的的系统理论,因而成为研究各类系统的理论基础和解决复杂性系统问题的方法。把协同理论引入现代组织管理,对于解决组织管理及其发展过程中大量出现的综合性复杂性问题具有现实意义。

协同论(synergetics)是20世纪70年代以来在多学科研究的基础上逐渐形成和发展起来的一门新兴学科,是系统科学的重要分支理论和方法。[1] 协同论主要研究远离平衡态的开放系统在与外界有物质或者能量交换的情况下,如何通过自己内部的协同作用,自发出现时间、空间、功能上的有序结构。协同论以现代科学的最新理论成果——系统论、信息论、控制论和突变论等为基础,采用统计学和动力学相结合的分析方法,通过对不同领域的分析,提出多维相空间理论,建立了一整套数学模型和处理方案,描述各种系统和现象中从无序到有序转变的共同规律。协同论主要内容可以概括为三个方面:

---

[1] [德]哈肯. 协同学导论[M]. 张纪岳,郭治安译. 西安:西北大学科研处,1981.

1. 协同效应原理。

协同效应指复杂开放系统中大量子系统相互作用而产生的整体效应或集体效应。任何复杂系统，当在外来能量的作用下或者物质的聚集态达到某种临界值时，子系统之间就能够产生协同作用。这种协同作用能够使系统在临界点发生质变产生协同效应，使系统从无序转变为有序，从混沌中产生某种稳定性结构。协同效应说明系统自组织现象的观点。

2. 伺服原理。

伺服是快变量服从慢变量、序参量支配子系统的行为。它从系统内部稳定因素和不稳定因素之间的相互作用方面描述了系统的自组织的过程。其实质在于规定了临界点上系统简化原则——"快速衰减组态被迫跟随于缓慢增长组态"，即系统在接近不稳定点或者临界点时，系统的动力学和突现结构常常由少数几个集体变量即序参量决定，而系统其他变量的行为则由这些序参量支配或规定。

3. 自组织原理。

自组织是相对于他组织而言，他组织指组织指令和组织能力来自于系统外部，而自组织指系统在没有外部指令的条件下，内部子系统之间能够按照某种规则自动形成一定的结构或者功能，具有内在性和自生性的特点。自组织原理解释了在一定外部能量流、信息流、物质流输入的条件下，系统会通过大量子系统之间协同作用而形成新的时间、空间或者功能有序结构。

将协同理论引入重大科技工程组织管理领域进行研究，提出重大科技工程组织协同的观点。从协同理论基本思想和方法出发，探讨重大科技工程组织协同的规律和方法构成重大科技工程组织协同的研究内容。组织协同的中心目标是实现协同效应，其本质是各组织按照一定方式相互作用、协调配合和同步，产生主宰工程组织系统发展的序参量，支配工程组织系统向有序、稳定方向发展，进而使工程组织系统整体功能倍增或放大，即实现协同效应。

4.1.2 网络组织理论

国外学者自 20 世纪 80 年代以来对实际中广泛存在的网络组织进行了比较全面的研究，国内学者也在近几年对网络组织进行了比较多的研究。目前关于网络组织的概念，还没有形成统一的定义[1]，但在网络组织性质上已经基本达成共识，即网络组织是一个由活性网络结点构成的有机组织系统，具有结点智能性、结点之间联结有机性和整体协调有效性及整体功能的涌现性[2]。网络组织的产生是由于不同实体为了实现某种共同的目的，在主动或者被动地参与活动过程中，通过资源流动形成了一些彼此之间正式或者非正式的分工协作关系。网络组织是各种组织之间合作关系的网状反映，具有多种多样的形式，如战略联盟、动态联盟、R&D 联盟、虚拟企业、扩展企业、企业集群、灵捷企业、小企业网络、供应链、簇群组织、临时组织、合资企业、跨国公司、综合公司等等。

从网络组织演变轨迹来看，现实中存在偶得和目标引导两个过程。偶得的网络主要是受到偶得过程的驱动而形成，该网络围绕着行动者之间互动而随意展开，不存在任何的目标。而目标引导是围绕网络成员共享的特定目标开展工作，该组织网络中存在着一个管理实体，它作为经纪人计划和协调整个网络的活动。这

---

[1] 林润辉. 网络组织与企业高成长 [M]. 天津：南开大学出版社，2004.
[2] Powell, W. W. Neither marks nor hierarchy: network forms of organization [c]. In B. M. Staw&L. L. Cummings, Research in organization behavior. Greenwich, CT: JAI Press. 1990.

一个管理实体可以是该网络内部的某个成员，或者扮演协调角色的某一个独立者。这一管理实体的任务就是帮助构建网络，协调和管理网络的活动，支持网络成员和网络层次目标，并且提供一个集中的场所来开展网络的关键活动①。

国外学者广泛认同的网络组织分类是 Miles 和 Snow 所做的分类②，即将网络组织分为三种：稳定网络（Stable Network）、内部网络（InternalNetwork）、动态网络（DynamicNetwork），如图 4.1 所示。

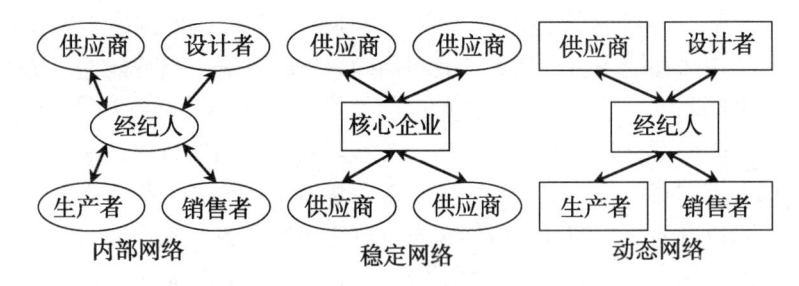

图 4.1　Snow&Miles 的三种网络类型

1. 稳定网络

稳定网络和职能组织的结构和运行逻辑基本相似，它主要是为可预测市场服务，沿着特定的产品或者服务的价值链将独立的拥有专门资产且具有不同功能的实体连接起来。稳定网络由若干企业组成，每一个企业都通过合约安排紧密地与核心企业连在一起，但是通过向网络外部的企业提供服务，每个企业都保持它的

---

① 马汀·奇达夫，蔡文彬. 社会网络与组织 [M]. 北京：中国人民大学出版社，2007.

② Raymond E. Miles; Charles C. Snow. Cause of Failure in Network Organizations [J]. California Management Review. 1992, 34 (4): 54-72.

竞争适宜性。

2. 内部网络

内部网络的逻辑是在一个企业内创建一个市场，组织的单位之间按公开市场价格买卖商品和服务。内部交易按市场价格反应，则各成员能够有机会验证价格并通过和外部企业的交易来验证商品的质量。

3. 动态网络

动态网络强调适应的能力，动态网络中独立的企业与提供特定产品或者服务的企业一次性地（或短时间内）建立联系。动态网络要获得充分的潜在性优势，就必须与价值链上的企业（或企业的单位）齐心协力地协作，合作完成之后解散，再和其他企业组建临时联盟。动态网络要求成员企业在价值链上有基于核心能力的明确定位，具有不同核心能力的一系列企业就组成为整个价值链产生增值活动所需要的核心能力。

从网络组织中结点实体视角来看，网络组织可分为内部网络组织和外部网络组织。内部网络是在一个大的实体内，分为独立核算的部门单位，以保证它们的能力、适应性。外部网络是独立的实体为了达到某种目的和外部的实体之间组成各种关系的联盟。本研究从网络组织理论和方法出发，主要探讨重大科技工程目标引导的实体间相互协同的网络，不涉及实体内部网络，由此提出重大科技工程组织协同网络的概念，并研究重大科技工程组织协同网络的整体构型和链接关系。

4.2 重大科技工程组织协同网络构建原则和模型特征

4.2.1 组织协同网络的构建原则

重大科技工程组织协同网络是指为了实现重大科技工程的目标，在政府主导下，数量众多的各类实施组织按照一定的链接方式进行任务协同、产品协同以及技术协同而形成的复杂有序网络。结合我国重大科技工程的组织实施情况，组织协同网络是一个以政府为主导、以企业为实施主体、以产品为协同核心的大型复杂网络。重大科技工程组织协同网络的构建是把组织系统内人、财、物等各种资源通过网络结构确定其相互关系，实施并合理配置资源，以完成重大科技工程实施目标的过程。它是重大科技工程组织管理的核心内容。重大科技工程组织协同网络构建的主要原则是：

（1）目标体系一致。重大科技工程的组织协同网络是一个多层次、多系列、多因素的组织系统。目标一致原则是指为完成重大科技工程而在设置各种组织协同网络时相应的目标，必须一致地体现整个组织协同网络的总目的。为此，首先必须将重大科技工程的组织目的转化为具体的目标，并将目标分解为下属各网络单元的分目标，从而优化各层次网络单元的目标体系。

（2）专业分工协作。重大科技工程应根据专业化要求构建组织协同网络，使组织协同网络能在处理整个项目事务及完成项目总目标时相互协调。具体说来，要求组织协同网络构建中处理人、财、物等资源过程要体现优势互补、整体优化、职权相应，以充分利用各单位在工程研制方面的优势和已有的研究基础和研究特色。

（3）信息渠道畅通。指组织协同网络内部各组织成员之间的关系，应有明确的信息沟通的渠道。在贯彻这个原则时，应做到从本组织系统的性质、任务和成员等的实际情况出发，选择最佳的信息沟通形式或者综合适用多种沟通方式，以便使组织信息网络清晰，信息渠道畅通，传播速度快捷、准确，符合要求。另外，除了组织中正式信息沟通渠道外，还要认清非正式渠道的存在，使两者相互配合和补充，不少重大科技工程的完成均重视组织成员之间的沟通。定时召开组织成员负责人会议，设置协调机构等。有些项目还十分重视与国际同行间的科技交流和合作，也加强企业间的交流和合作，以促进成果的转化。

（4）上层组织精简。科学技术的迅速发展提供了越来越现代化的技术手段来处理迅速增长的信息量，这就要求重大科技工程设置上层组织单元时，数量要少，质量要高，以提高其效率。同时，在自上而下设置组织体系时，要体现出分类分级逐层协调的规则。

4.2.2 组织协同网络的模型

1. 基于任务（产品）的组织协同网络构建方法

依据协同理论和网络化组织理论，基于系统工程和项目管理方法，运用系统分解集成和工作分解结构技术，结合国内外重大科技工程组织管理实践，围绕着重大科技工程整体目标的实现，来构建基于任务的重大科技工程组织协同网络。重大科技工程的直接目标是研制出产品，能够达到一定预先制订的目的和性能的产品，产品非常复杂，包括很多组成部分，其中有很多项目需经过多次研究试验才能成功，工作任务量非常大[①]。

在系统工程方法中，把极其复杂的重大科技工程研制对象称为"系统"，即由相互作用和相互依赖的若干组成部分结合成的具有特定功能的有机整体，而且这个"系统"本身又是它所从属的一个更大系统的组织部分。例如，导弹武器系统就是近代最复杂的重大科技工程研制系统之一，要靠成千上万人的大力协同工作才能研制成果[②]。钱学森认为，研制这样一个复杂系统所面临的问题是："怎样把比较笼统的初始研制要求逐步地变为成千上万个研制任务参加者的具体工作，以及怎样把这些工作最终综合成为一个技术上合理、经济上合算、研制周期短、能协调运转的实际系统，并使这个系统成为它所从属的更大系统的有效组成部分"。钱学森以这种方式描述问题就是提示应当以系统的观点来分析问题，而解决问题的方法就是系统工程方法。系统工程中常用"V"字图的方式来描述系统工程工作的范围和基本方法，强调从需求出发，自上而下从系统、分系统到部件的层层分解和定义活动，自下而上从部件、分系统到系统进行集成和试验，最后得到一个总体性能优化、满足全生命周期使用要求的系统。可以看出，系统逐级分解和综合集成正是构建重大科技工程组织协同网络的方法核心。

在项目管理方法中，工作分解结构以可交付成果为对象，应由项目团队为实现项目目标并创造必要的可交付成果而执行的工作分解之后得到的一种层次结构[③]。工作分解结构确定了项目整

[①] 钱学森．聂荣臻同志开创了中国大规模科学技术研制工作的现代化组织管理[J]．论系统工程[M]．上海：上海交通大学出版社，2007.

[②] 钱学森．组织管理的技术——系统工程[J]．论系统工程[M]．上海：上海交通大学出版社，2007.

[③] [美] 美国项目管理协会．项目管理知识体系指南（第三版）[M]．卢有杰，王勇译．北京：电子工业出版社，2005.

个范围，并将其有条理地组织在一起。工作分解结构把项目工作分成较小和更便于管理的多项工作，每下降一个层次意味着对项目工作更详尽的说明。工作分解结构（及其词汇表）将需要完成的项目按照项目可交付成果结构、项目生命期阶段或使用方法划分为相对独立、内容单一和易于管理的工作单元，从而找出完成项目工作范围的所有任务。在美国，依据管理标准，凡大型产品都要建立工作分解结构体系，编制工作分解结构词典，作为合同文本，统一订货方和承包商的管理框架。可以看出，工作分解结构是构建重大科技工程组织协同网络的技术基础

无论是系统工程"V"字图还是项目管理工作分解结构图，都主要描述了围绕产品研制所要开展的全部工作任务，是一个按产品层次分解的层级树型结构图，如图 4.2 所示。产品分解结构图的各层次分别代表系统、分系统、子系统、部件等产品的研制工作任务。围绕着产品研制生产任务需要管理和服务工作进行保障实现，这包括集成与装配、实验与评价、数据管理与人员培训、保障性设施与设备等[1]。对于不同的系统，产品研制工作任务分解结构内容是不同的，而形式是相似的，管理保障部分常常是通用的。全系统设计分解集成和管理保障任务与分解后的每一个子项（常称为工作细目或工作包）任务都需要一个个独立的实施组织中的一个个具体单位（项目团队）来承担，工作任务之间的链接关系不仅决定了实施组织内若干具体单位的协作链接关系，产生出实施组织内体现项目组织和职能部门关系的职能型、项目型、矩阵型组织结构模式，还决定了众多实施组织之间的协同链接关系，基于整个工作任务分解结构图产生出重大科技工程组织协同网络基本结构模型。

---

[1] 郭宝柱. 中国航天和系统工程 [J]. 国防科技工业, 2003 (4): 13—17.

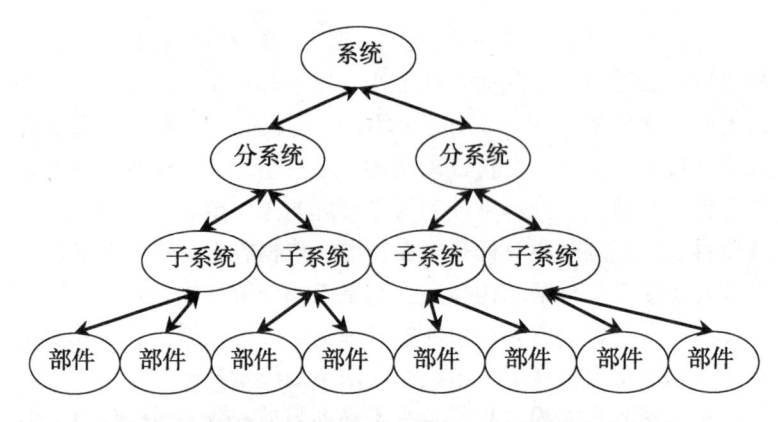

图 4.2　系统任务（产品）分解层级树型结构示意简图

2. 组织协同网络的模型构建

正如一个重大科技工程可能不只有一种可行的工作任务分解结构图一样，重大科技工程组织协同网络也会有多种结构模型，这不仅取决于工作任务分解结构层级树状基本模型，还受一个个实施组织承担多少工作任务的影响，即受不同任务层级上承担不同工作任务量的实施组织的数量比例影响，从根本上还受重大科技工程所处的经济体制环境的约束。在工作任务分解结构基本模型保证一个工作任务仅由一个实施组织承担、一个实施组织可以承担多个工作任务的前提假设下，将承担跨任务层级的不同工作任务的实施组织按上一任务层级的实施组织计算，综合考虑工作任务分解结构基本模型、工作任务层级、工作任务数量、同一任务层级实施组织数量、不同任务层级实施组织比例、经济体制环境等多个影响因素，列出三种典型的具有代表性的不同工作任务分配情况、不同经济体制下的重大科技工程组织协同网络基本模型如下：

1. 集中型。一个重大科技工程的绝大部分全系统分解集成、分系统、子系统研制工作任务由一个实施组织（简称为系统组织)的若干具体单位来承担,少量最底层部件研制工作任务由其他实施组织(简称为部件组织)来承担,则重大科技工程组织协同网络表现为以系统组织为核心、以部件组织为边沿支撑的星状的集中性结构模型,如图 4.3 所示。计划经济体制下主要在一个封闭的军工集团公司内实施的军事重大科技工程组织协同网络就是集中型结构。这在有利于保密的同时却一定程度上不利于发挥重大科技工程促进经济发展的作用。

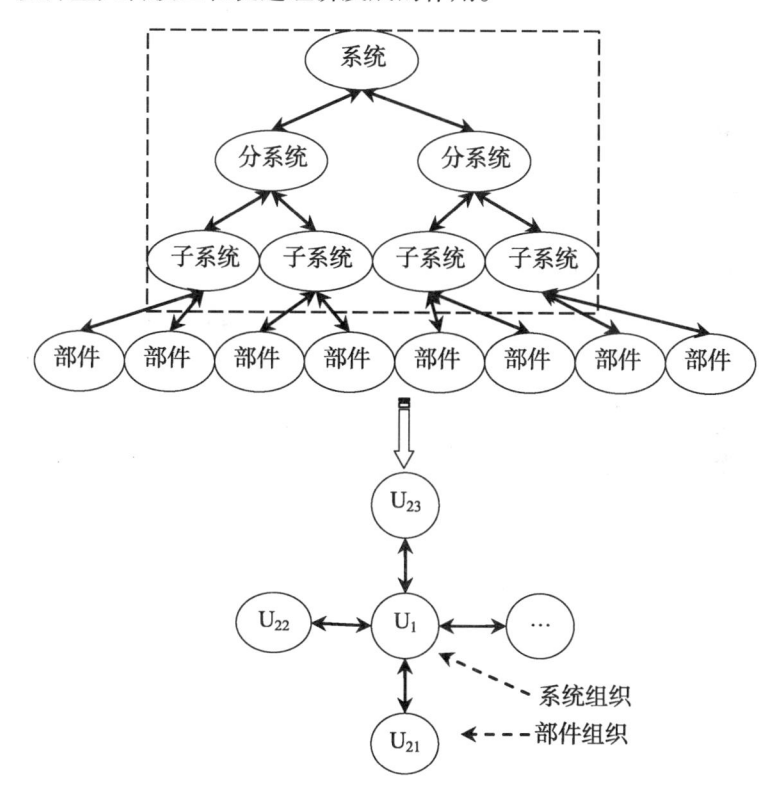

图 4.3　重大科技工程集中型组织协同网络示意简图

2. 适应型。一个重大科技工程的全系统分解集成任务由一个实施组织（简称为全系统组织）来承担，分系统研制工作任务由大量实施组织（简称为分系统组织）来承担，大量子系统研制工作任务由少量实施组织（简称为子系统组织）来承担，大量最底层部件研制工作任务由大量实施组织（简称为部件组织）来承担，则重大科技工程组织协同网络表现为层级状的适应性结构模型，如图4.4所示。目前，我国处于计划经济体制向市场经济体制转轨期，在国防科技工业领域实施的一些重大科技工程组织协同网络就表现为适应型结构。

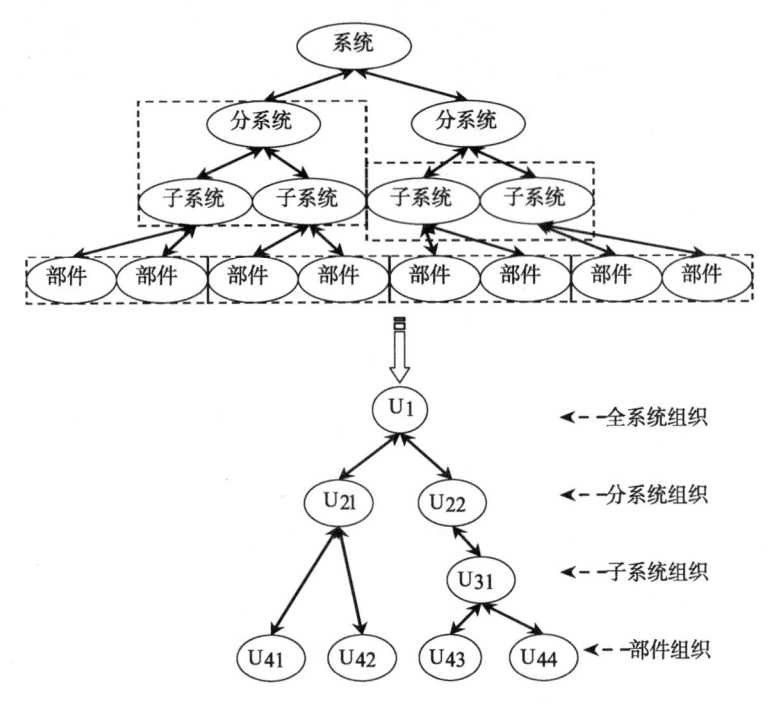

图 4.4　重大科技工程适应型组织协同网络示意简图

第 4 章　重大科技工程组织协同网络构建……　　125

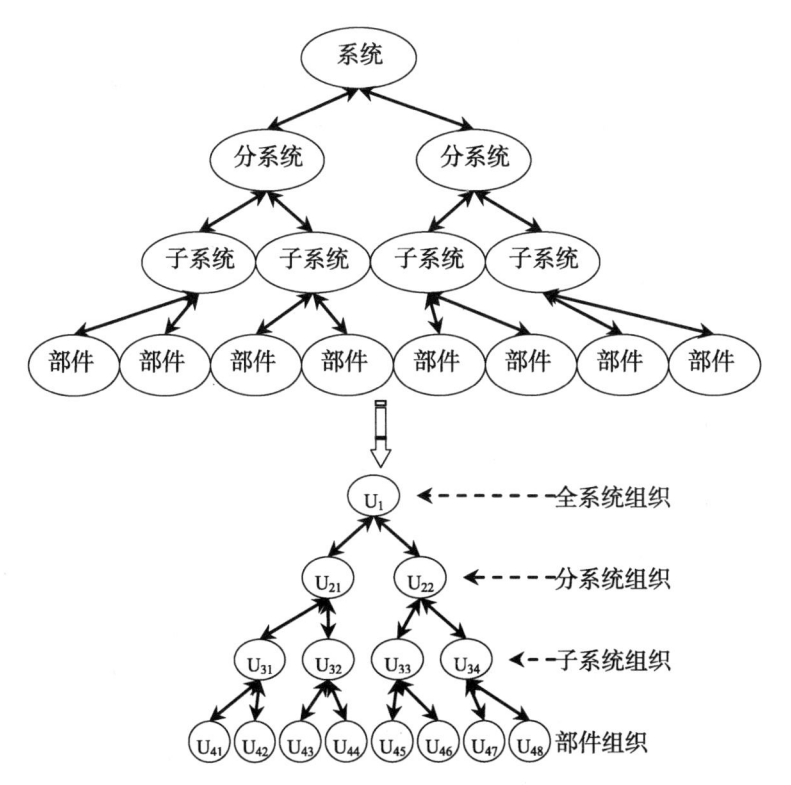

图 4.5　重大科技工程分散型组织协同网络示意简图

3. 分散型。一个重大科技工程的全系统分解集成任务由一个实施组织承担，每一个分系统研制工作任务由一个个专业的实施组织承担，每一个子系统研制工作任务也由一个个专业的实施组织承担，大量的部件研制工作任务均由一个个专业的实施组织承担，则重大科技工程组织协同网络表现为层级状的分散性结构模型，如图 4.5 所示，这对应于工作任务分解结构层级树状基本模型。目前，市场经济体制下的美国在航空航天领域实施的一些重大科技工程，如波音飞机研制项目等，由于它的承担部件研制工作任务的专业实施组织在国内较少，大多数部件研制工作任务外包给国外专业实施组织承担，它的组织协同网络也呈现分散型结构特征。在重大科技工程分散型组织协同网络中，实施组织数量众多且分布广泛、协调有序，这有利于带动很多产业升级，促进经济的可持续发展。

重大科技工程组织协同网络模型除上面提及的集中型、适应型、分散型之外，如果任务层级较多且不同任务层级上承担不同工作任务量的实施组织的数量均等，则重大科技工程组织协同网络呈现出链型结构。在重大科技工程开放性的各种组织协同网络模型中，独立的实施组织不仅可以承担同一任务层级的不同工作任务，还可以承担不同任务层级的工作任务（尽量减少承担跨越多个任务层级的工作任务的实施组织，否则研制的半成品在实施组织间频繁重复周转，从而增加成本和时间），不同实施组织之间不仅存在着正式的协同链接关系，还可能存在着不是针对重大科技工程实施的非正式的协同网络链接关系，目标流、任务流、人流、物流、资金流、技术流、时间流、信息流等在各个实施组织之间纵横流动。

另外，在多个重大科技工程并行实施，并且大量的实施组织部分共性管理服务保障业务外包给专业服务组织（公司）的情况下，多个重大科技工程并行实施的组织集群呈现出非常复杂的矩阵型结构，简略模型如图4.6所示。由于本书研究单个重大科技工程实施的组织协同问题，多个重大科技工程并行实施的组织之间并无完整连续的协同关系，相应的矩阵型结构不在本研究范围之内。

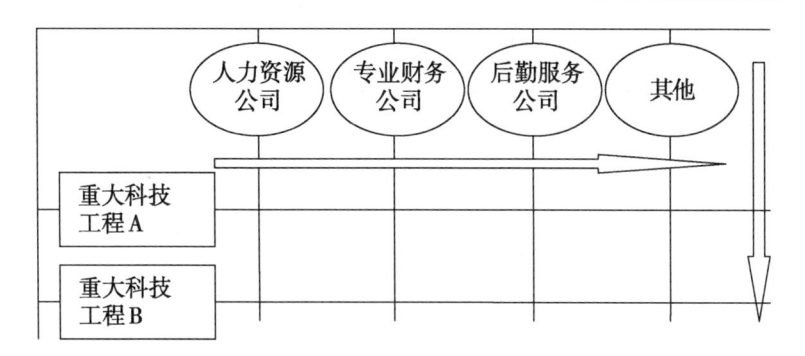

图 4.6　多个重大科技工程并行实施的矩阵型组织集群示意简图

3. 组织协同网络模型的形式化定量描述

无论是集中型结构，还是适应型、分散型结构，对应于重大科技工程层级式系统任务，上一层实施组织对其下一层实施组织都是一种监控、协同的关系，可以最终抽象出如图 4.7 所示的基本结构形式来表示这种组织协同网络上下层之间的监控与协同的关系，从而实现对组织协同网络结构的统一建模。统一地形式化定义重大科技工程组织协同网络基本结构单元如下：

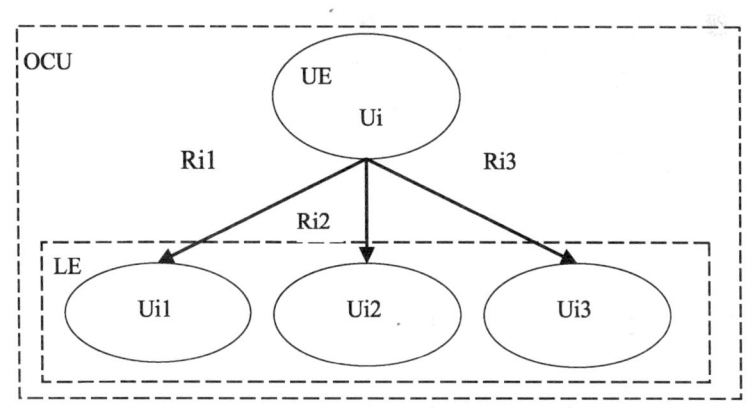

图 4.7　重大科技工程组织协同网络基本结构单元简图

OCU :: = （UE, LE, CR）
UE :: = Ui, i∈ {1, 2, ⋯, e}
LE :: = {Li | i∈ {1, 2, ⋯, e1}}
Li :: = Uj, i∈ {1, 2, ⋯, e1}, j∈ {1, 2, ⋯, e}
CR :: = {Ri | Ri：UE→Li, i∈ {1, 2, ⋯, e1}}
Ui :: = Ei | Di, i∈ {1, 2, ⋯, e}
Di :: = {Ld | Ld ∈ Lj, j∈ {1, 2, ⋯, e1}}, i∈ {1, 2, ⋯, e}

其中，OCU：组织协同网络的二层基本结构单元；UE：网络基本结构单元中的上一层实施组织；LE：网络基本结构单元中的下一层实施组织集合；CR：上一层实施组织对其下一层实施组织协同关系的集合；Ui（i=0, 1, ⋯, e）：相对独立的实施组织；Ei（i=0, 1, ⋯, e）：实施组织；Di（i=0, 1, ⋯, e）：领导决策小组；Ld：由各下一层实施组织中选择出的主要决策人员；e：网络中实施组织总个数；e1：OCU 中下一层实施组织总个数。

在对组织协同网络基本结构单元统一形式化定义的基础上，可以构建组织协同网络的树状为主的结构形式（为了规范化，可据一些原则把网状结构形式拆分成树状为主的结构形式），如图4.8所示，定量形式化描述如下：

OCN :: = （UE, LE, CR）
UE :: = U
LE :: = {L}
L :: = E | OCN
CR :: = {R | R：UE→L}
U :: = E | D
D :: = {Ld | Ld ∈ L}

其中，OCN 即为构建的组织协同网络结构，其他定义如上。

这样，就可以运用这两种基本的结构形式按照上述方法递归地构建各种组织协同网络模型。

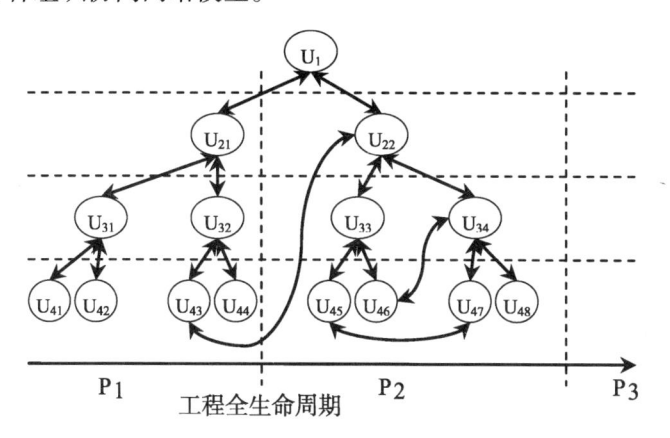

图 4.8　重大科技工程组织协同网络结构简图

4. 组织协同网络的管理流程

（1）组织协同网络的最顶层实施组织对重大科技工程的全生命周期划分阶段，建立最顶层的总系统任务，协调管理总体的系统任务完成。

（2）每一个阶段的每一个层次实施组织建立该阶段本层次的分系统任务，协调管理该阶段本层次分系统任务的完成；同时，作为上一级系统的分系统，该层分系统需要链接到上一级系统中由其实施组织统一协调管理。

（3）每阶段中由上至下进行任务分解，每个下一层实施组织把上一层实施组织下达的每一个分系统都作为一项任务来管理。任务分解的执行者与具体网络管理模式有关：在深层计划管理的情况下，一般统一由最顶层实施组织进行任务分解，各阶段各层次实施组织或一些关键实施组织配合；而在市场调控的浅层管理下，一般都是由上一层实施组织进行任务分解。

确定工程系统任务分解的最佳层次，可以参考以下原则：在实施组织能力允许的范围内，尽量减少工程系统任务的分解层次，以降低协同工作、管理的复杂性，缩短控制行为的响应时间。这就要求尽量使工程系统的分解任务强度与所选择网络实施组织的能力相适应（在实施组织选择时考虑），若强度过大，就可能加深组织协同网络层次。

（4）对于上一层实施组织，要具备两种功能：一是对其下一级分系统任务的协调管理的功能，按照不同的管理模式分层次管理；二是对本组织具体承担的系统任务在内部进行进一步的任务分解，实施传统工程管理的功能。前者同样适用于上一层实施组织是领导决策小组的情况，后者适用于下一层实施组织是非领导决策小组的情况。

（5）一个下一层实施组织有可能承担多个上一层实施组织下达的任务，则在网络视图中出现自上而下的多对一的网状现象，此时，可以按照具体承担系统任务的实施组织任务团队对实施组织内部进行组织重构，把实施组织之间的网状结构分解为以实施组织任务团队为基本构建单位的树状结构，作为组织协同网络的人员组织实体。

（6）在重大科技工程全生命周期中，阶段之间的过渡是一个渐进的过程，各阶段间往往有交叠；一个实施组织有可能承担多个阶段的工程系统分解任务；在后续阶段的任务实施中，可能发生对以前某阶段的某些任务的返工修改。因此，在一个网络实施组织中有可能同时承担多个阶段的多个工程系统分解任务，同样可以以实施组织任务团队为单位构建组织协同网络的树状结构。

在重大科技工程全生命周期的各阶段中，组织协同网络不断进行重组变换，实施组织内部也不断进行组织重构，承担不同阶段任务的实施组织在不同阶段扮演不同角色，要不断进行角色转换。

4.2.3 组织协同网络的特征

1. 系统性

系统的特点之一就是通过各子系统协同作用，相互促进，使总体的作用大于各子系统的作用之和。系统方法是在分析有关的数据、资料和客观事实的基础上，确定要达到优化目标；通过系统设计和策划确定为达到目标而采取的各项措施和步骤以及应配置的资源，形成一个完整方案；在方案实施过程中，通过系统管理而提高有效性。一个重大科技工程组织协同网络就是一个协同系统，将相互关联的过程作为系统加以确认、理解和管理，有助于提高管理效率，实现重大科技工程目标。

2. 协调性

重大科技工程本身也是一个系统，组成重大科技工程的各个实施过程和各个管理过程同样也是一个系统。在实际管理过程中，应当从全局和整体分析各个工作环节之间的协调关系，应充分平衡各个利益相关者之间的利益关系，充分考虑各部门、各实施组织之间的协同配合，从而使重大科技工程能够有序、协调、高效地发展。

3. 激励性

实施组织是重大科技工程组织协同网络的关键节点，有效的重大科技工程组织协同网络管理不仅需要最高组织者的正确导向，还有赖于全部实施组织的积极参与。所以应对重大科技工程组织协同网络中的实施组织采取有效的激励手段，激发实施组织的积极性和社会责任意识。在注重组织协同网络中实施组织的强有力的学科专业构成的同时，加强对重大科技工程精神文化的提炼。发挥每一个实施组织的积极性和主动性，组织的能量才能充分地发挥出来,推动组织协同网络的整体协调发展。

4. 效率性

评价重大科技工程组织协同网络好坏的标准很多,但最主要的标准应是绩效。构建重大科技工程组织协同网络一定要从提高组织协同网络效率入手,系统分析和研究影响重大科技工程组织协同网络发展的各种因素,通过采取有效的措施和方法,从各个方面调动各部门、各实施组织的积极性,通过严格有效的重大科技工程组织协同网络构建,确保各实施组织的有效配合,保证重大科技工程能够有序、高效地运行,提高重大科技工程组织协同网络的效益,最终实现重大科技工程的目标。

4.2.4 组织协同网络的协同关系维度及管理模式

(1) 组织协同网络的协同关系维度。重大科技工程组织协同网络具有生命周期性,相应的协同关系也具有生命周期特征,历经产生、成长、成熟、衰退、消亡的过程。可以使用五个关系维度来确定协同关系处于哪一个阶段以及关系强度和质量,这五个关系维度是持续时间、联系频率、联系渠道多样性、对称性及协同关系的共同促进等。

1) 持续时间指协同关系存在的时间。持续时间越长,协同关系越稳固。在任务(产品)协同环境下,需要考虑的信息包括协同关系的形成是为了满足短期的需要还是长期的需要、协同关系已经持续多久。影响持续时间的因素有协同经历、信誉等。

2) 联系频率指单位时间内实施组织之间联系的次数。联系次数比较少而间隔久则可能不利于协同关系。在任务(产品)协同环境下,需要考虑的信息包括:多长时间要联系一次,多长时间要通信一次,通信需要的数据以及信息类型,通信时需要什么类型技术硬件和软件支持。影响联系频率的因素可以是信息技术应用的先进性等等。

3）联系渠道多样性指交互联系的方式多少。重大科技工程组织协同网络中实现跨组织的活动有许多形式，如工程设计数据、生产计划等。在任务（产品）协同环境下，需要考虑的信息包括应该完成的任务以及它们是否能协同的执行。影响联系渠道多样性的因素可以是实施组织的核心能力，包括设备工艺能力、转换技术等。

4）对称性指从一个实施组织到另一个实施组织的联系与从另一个实施组织到这个实施组织的联系应该相似。为此，两个实施组织的文化、业务过程、技术特征需要彼此匹配。实施组织间集成的深度越深，则对称性越高。在任务（产品）协同环境下，要求参与协同的实施组织之间应该在管理水平与组织文化之间具有较好的兼容性，在信息化程度、标准化程度和制造过程的自动化程度上具有比较好的一致性。影响对称性的因素有技术水平、财务状况、管理水平、质量保证体系、人员素质等。

5）协同关系的共同促进。信息交流是否建立在协同、开放的基础上。双方是否愿意协同，组织之间共享知识的程度如何等。需要考虑的因素有协同愿望、创新能力、领导支持等等。

(2) 组织协同网络的协同关系影响因素。

1）质量——协同的最终目的是提供产品以满足工程目标要求，而产品质量优劣至关重要。在构建重大科技工程组织协同网络时必须评价实施组织的产品质量，因为它们将直接影响协同研制最终产品的质量。实施组织的质量指标包括它是否通过了相应的质量管理体系，研制产品质量级别如何，新产品试验试制能力如何，这关系到最终产品质量状况。

2）价格——协同要求实施组织提供的产品不仅是高质量的，而且价格也是相对比较低的。由于大部分实施组织的产品作为半成品运送到总体装配实施组织，因此其价格都会对重大科技工程总体研制费用有影响，从而影响最终研制产品的竞争力。考察实施组织的成本有两个指标：目前产品价格和长期成本降低能力。

3）交货——交货能力反映实施组织履行承诺、保证进度的能力，交货及时程度会影响重大科技工程协同关系。实施组织交货能力越强，重大科技工程按期完成目标越有保障，组织协同关系越稳固，反之不但容易导致重大科技工程延期，而且可能导致协同关系破裂。交货能力可以从三方面来衡量：采购提前期、按时交货率及批量柔性。

4）科技水平——为了实现工程任务协同，实施组织还必须具有较高的科技水平，科技水平涵盖范围很广，要既能保证产品高质量品质的实现，还有具有研制新产品的能力，同时科技人员和设备的配备都是影响研制能力的关键要素。因此，考察实施组织科技水平应从研制能力、工艺过程能力以及生产平衡能力三个方面。

5）服务水平——服务水平是影响组织协同网络中协同关系的一个重要因素。实施组织之间相互提供较好的服务，还可以改进最终研制产品的质量。服务水平可以从四个方面来评定：质量反馈速度、信誉度、交货配合度以及沟通水平。

（3）组织协同网络的链接关系及对应的管理模式。围绕着重大科技工程复杂任务的实施，一方面需要充分利用现有的一些实施组织来承担大量工作任务，另一方面可能需要考虑现有组织科技能力水平、长期科技发展、战略新兴产业等因素新组建实施组织来承担一些前瞻性的研制工作任务。如何使一个有科技实力的组织愿意承担重大科技工程的研制工作任务，并让它与网络中的其他实施组织建立起层级协同链接，成为组织协同网络的一个组成部分，在不同经济体制下政府为了保证重大科技工程任务的完成而依据不同的资源配置方式设置了不同的动力因素。在计划经济体制下，政府常常在国家计划下运用权力驱动实施组织去承担重大科技工程的研制工作任务，基于职权方式建立起实施组织间的层级协同链接关系，并让一个国有大型企业承担绝大部分重大科技工程研制工作任务，这是我国社会主义集中力量办大事的政治职权特色优势体现，是一种典型的政府指令型管理模式。在市场经济体制下，充分发挥市场机制有效配置资源的竞争性作用，政府往往运用利益杠杆驱动实施组织去承担重大科技工程研制工作任务，基于契约方式建立起实施组织间的层级协同链接关系，这是一种典型的政府引导型管理模式。因此，根据以政府为主导的重大科技工程组织协同网络形成的动因和链接的方式、手段，把组织协同网络的链接关系分为职权链接关系和契约链接关系，并提出基于职权链接和基于契约链接的两种重大科技工程（MSTP）组织协同网络管理模式，这将在下面章节中详细论述。目前，我国正处于计划经济体制向市场经济体制的转轨期，权力和利益动力、职权和契约纽带同时存在、配套应用于重大科技工程组织协同网络的链接关系中。当然，一个实施组织在职权隶属关系下或为了生存发展、利益最大化、社会声誉等也会主动承担重大科技工程工作任务，和其他实施组织协同，共同构建组织协同网络。

4.3 重大科技工程组织协同网络的协同管理分析

针对前述提到的重大科技工程组织管理的协同问题，在重大科技工程组织协同网络构建基础上，分析组织协同网络中的协同管理过程。重大科技工程组织协同网络中的协同管理就是充分利用各种信息和知识来克服网络沟通障碍，以有利于重大科技工程组织协同网络中各个个体相互协同而产生整体功能倍增效应。要全面认识和把握重大科技工程组织协同网络形成的动因、运行条件和管理模式，其协同管理过程分析也是非常必要的补充，因为它会内在地作用于组织协同网络自身，使组织协同网络处在一定的状态，按一定的规律影响并支配其生存和变化。

任何重大科技工程组织协同网络都要实现一定的目标，这一目标也是实施协同管理的最终追求，但重大科技工程组织协同网络目标的实现与重大科技工程组织协同网络的运行状况紧密相连，重大科技工程组织协同网络运行状况反映了重大科技工程组织协同网络的发展水平。这样，重大科技工程组织协同网络势必在顺畅运行状态下达到的发展水平与不顺畅运行状态下达到的发展水平之间会形成空间差距。因此，寻求有效的组织管理方式和手段缩短这种差距就成为组织管理必须解决的首要问题。由于协同管理目标和重大科技工程组织协同网络目标具有一致性，以及协同管理对传统管理的超越，自然成为解决差距的有效管理方式。但如何缩短这种差距，还需研究协同管理的实现过程。

4.3.1 协同管理的形成

（1）确认重大科技工程组织协同管理目标与组织协同网络目标之间的关系。协同管理实施的对象是重大科技工程组织协同网络，它也有自己的目标，但此目标与协同管理目标之间是否具有一致性。确认它们之间的关系是分析协同管理过程的前提假设。其实，无论重大科技工程组织协同管理目标和组织协同网络目标在表达方式上存在多大差异，但它们所指向的深层内容或本质具有同一性，都在追求实现整体功能效应，获得最大化价值，所以有理由认为它们之间的关系具有一致性。这一点在日常的组织管理活动中也是如此，如任何重大科技工程组织协同网络都有自己的目标，但要实现目标就必须通过施加一定的组织管理方式来加以实现，而所施加的组织管理的目标也是为更好地实现重大科技工程组织协同网络的目标。

（2）检视重大科技工程组织协同网络运行状况。虽然协同管理目标与重大科技工程组织协同网络目标在本质上具有一致性，即追求实现倍增的效应。但重大科技工程组织协同网络能否实现这一目标，还需反观其运行状况，如通过对重大科技工程组织协同网络目前所拥有的资源状况、能力水平，以及面临的经济环境等因素的审视，认识重大科技工程组织协同网络现实发展水平，找出与重大科技工程组织协同网络应该达到的理想水平之间的差距，使资源充分发挥效应。

（3）评估重大科技工程组织协同网络现实发展水平与理想发展水平之间的差距。反观重大科技工程组织协同网络运行状况是为了认识某个时点或时间段上重大科技工程组织协同网络现实发展水平与理想发展水平之间的差距。如何确定二者之间的差距？鉴于本研究的对象不是具体的重大科技工程组织协同网络，而是一般性的重大科技工程组织协同网络。对差距的评估，通过建立坐标确定重大科技工程组织协同网络的现实发展水平与理想发展水平两条曲线，并对它们进行比照。比照的结果表明，如果重大科技工程组织协同网络的现实发展水平与理想发展水平之间非常接近或重合，说明重大科技工程组织协同网络本身具有很好的组织协同状态，不需要进行协同管理。反之，则表明重大科技工程组织协同网络要达到其目标，还需要通过协同管理，发挥其功能倍增效应来实现。

（4）运用协同管理解决或缩短差距。由上述可以从宏观上确定重大科技工程组织协同网络现实发展水平与理想发展水平之间的差距，差距的大小可反映重大科技工程组织协同网络的运行状况。它们之间的关系是：重大科技工程组织协同网络的现实发展水平与理想发展水平之间的差距愈大，则说明重大科技工程组织协同网络的运行状况愈差，网络处于不稳定状态。反之亦反是。实施协同管理的目的正是缩小重大科技工程组织协同网络现实发展水平与理想发展水平之间存在这种差距。之所以选择协同管理解决差距问题，是由协同管理的本质或特征决定的。

4.3.2 协同管理的实现

上述四个方面构成了协同管理的形成动因，即解决为什么进行协同管理的问题。协同管理的形成过程只是一种观念形态上的协同，说明了进行协同管理的必要性与可行性。而要把这种观念形态上的协同转换为实际的协同行为，并使它发挥应有的效应，还必须分析如何实现协同管理，即协同管理实现过程。协同管理实现过程主要包括以下方面：

（1）识别协同机会。协同机会识别主要解决在实施协同管理过程中如何寻求协同机会，也就是网络中哪些地方可能产生协同管理。识别协同机会是实施协同管理的突破口，只有准确及时地识别协同机会，才能围绕协同机会采取种种管理措施和方法，取得协同管理应有的效果。同时，协同机会的识别也是协同管理后续行为的基础，协同管理的实施首先是建立在对协同机会的识别基础之上。

（2）预先评价要素协同价值。预先评价要素协同价值是在识别协同机会的基础上，对协同过程中要素协同所体现出来的价值或贡献进行的预先评价。其作用主要体现在两个方面：一是通过对协同过程中要素协同价值进行预先评价，可以比较协同过程中产生的协同成本与协同价值的大小，进而确定要素协同对整个协同过程的贡献程度如何；二是通过要素协同价值预先评价环节，可预先确定协同要素在协同过程中所体现的价值，有助于合理有效地分配由于发挥协同效应后所带来的利益，保证后续协同行为的顺利进行。

（3）沟通交流。沟通交流是协同管理成功实现的基础。没有沟通就没有协同，也就不可能实现重大科技工程组织协同网络的目标。任何组织管理问题最终都要落实到网络中组织的行为方式上，沟通交流对统一网络中组织的行为方式起着连接桥梁和纽带的功能作用。协同机会识别与协同价值预先评估只有通过在重大科技工程组织协同网络内外进行广泛深入、有效的相互沟通和交流基础上而被网络中组织清晰地理解、认同和接受，并转化为组织的自觉行为时，才能发挥应有的价值，进而保证协同管理的实施的顺利进行。

（4）实现要素整合。要素整合是重大科技工程组织协同网络有序化的过程，也是重大科技工程组织协同网络在协同机会识别、要素协同价值预先评价和沟通交流等基础上，为实现协同管理目标而对协同要素进行的权衡、选择和协调的过程。要素整合的目的是最大化地挖掘重大科技工程组织协同网络各子系统或要素的优势，弥补不足，使重大科技工程组织协同网络由于优势互补而产生整体功能效应。其作用是改善或突破影响和限制重大科技工程组织协同网络发展的瓶颈或制约环节，使协同要素发挥最佳作用，实现重大科技工程组织协同网络的有关价值增值活动和系统整体功能效应。在要素整合过程中，整合的方式、整合所遵循的原则、整合的过程与实施等方面都是必须研究的内容，因为它们关系到协同管理效应能否实现以及协同要素能否在协同过程中进行价值创造。

（5）序参量的选择与组织管理。在协同论中，序参量是系统宏观有序程度的度量，它主宰着系统从无序走向有序。在协同管理过程中，只要能确定重大科技工程组织协同网络的序参量，就能通过施加一定的组织管理手段和方法把握重大科技工程组织协同网络的发展方向。而对要素进行整合的目的是产生出所期望的序参量，从而使序参量发挥支配作用，使重大科技工程组织协同网络产生自组织功能而顺畅运行，最终实现系统的整体功能倍增，即产生协同效应。对序参量的管理要注意塑造一个有利于其发挥效应的环境。本研究认为，以政府为主导的重大科技工程协同管理过程中，政府的宏观调控杠杆就是重大科技工程组织协同网络的序参量，只要设置一定的职位权力安排或者以契约法律约束的利益调整就能够掌控重大科技工程组织协同网络的发展方向，这将在后面的章节中进行详细分析。

（6）结果的对照与反馈。在序参量的支配作用下，重大科技工程组织协同网络将会从无序的不稳定状态走向一种新的有序的稳定状态，产生了新的时间、空间和功能结构，进而实现整体功能效应。这种整体功能效应就是协同管理过程达到的一种结果。但这种结果是不是重大科技工程组织协同网络所追求的协同效应，要通过对照协同管理目标反馈信息。如果反馈信息表明，达到的结果与协同管理目标一致，则为实现了协同管理的效应，反之则没有实现，需返回到协同管理实现过程的开端——识别协同机会以及后续环节给予重新考虑。

4.3.3 协同管理的约束

约束或控制作为协同管理过程中不可分割的一部分，对保证协同管理的顺利实施以及协同管理效应的最终实现具有重要的作用。约束或控制是协同管理过程中的规则，缺乏约束或控制过程的协同管理将无法实现协同管理目标。协同管理过程中的约束或控制主要有两大类型，即协同管理形成过程中的约束或控制与协同管理实现中的约束或控制。

第4章 重大科技工程组织协同网络构建…… 141

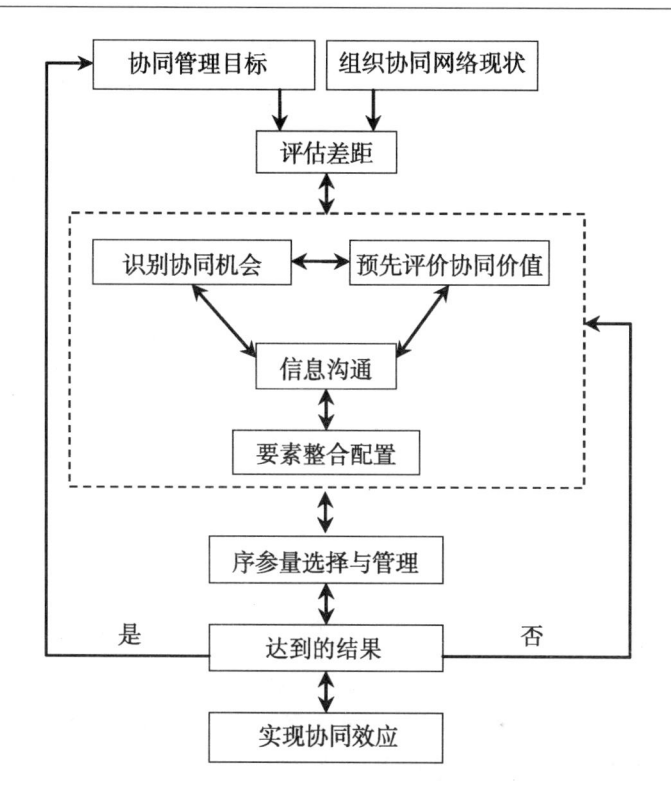

```
┌─────────────────────────────────────┐
│   协同管理目标    组织协同网络现状      │
│         ↓         ↓                  │
│         评估差距                      │
│            ↕                        │
│   ┌ ─ ─ ─ ─ ─ ─ ─ ─ ─ ─ ─ ─ ┐       │
│     识别协同机会 ↔ 预先评价协同价值    │
│        ↓    ↘  ↙    ↓               │
│            信息沟通                   │
│              ↕                       │
│           要素整合配置                │
│   └ ─ ─ ─ ─ ─ ─ ─ ─ ─ ─ ─ ─ ┘       │
│              ↕                       │
│         序参量选择与管理              │
│              ↕                       │
│  是   达到的结果    否               │
│              ↓                       │
│         实现协同效应                  │
└─────────────────────────────────────┘
```

图 4.9 重大科技工程组织协同网络的协同管理过程

  根据上述协同管理过程分析的思路和内容，设计出协同管理过程的框架，如图 4.9 所示。协同管理三个过程之间的关系是相互作用、相互联系，共同发挥各自的功能和效应，最终促使协同管理目标即协同效应实现。在协同管理过程中，形成过程虽然是一种观念意义上的协同，但它是整个协同管理过程的起点，因此协同管理的形成过程是协同管理实现过程运行的前提条件。而协同管理的实现过程正是在协同管理的形成过程基础上，通过协同机会识别、要素协同价值预先评价、沟通交流、要素整合配置以及对达到结果的信息反馈等环节的具体操作,促使产生我们所期望的序参量,进而使序参量主导整个系统向有序、稳定的方向发展。协同管理的实现过程最终把协同管理形成过程中观念意义上的协同变为现实意义上的协同。而协同管理约束过程作为协同管理效应实现的重要保障,它贯穿于整个协同管理过程之中,不论是在协同管理形成过程中,还是在协同管理实现过程中,协同管理约束过程都起着非常重要的作用,它保证了协同管理过程中所有协同行为的顺利进行。

4.4 重大科技工程组织协同网络的复杂性分析

重大科技工程组织协同网络是由企业、高校、研究院所、政府团体、中介机构等功能各异的实体组成的产品协同、任务协同、科技协同的网络,是超越单一企业职能的多个部门活动的集合。它们的网络联盟能够解决更复杂的问题,呈现出典型的复杂适应系统的特征。下面分别就重大科技工程组织协同网络实体、结构和整体的复杂性进行分析。

4.4.1 组织协同网络实体的复杂性

一方面,重大科技工程组织协同网络实体的复杂性表现在构成实体的差异性上,即构成实体的属性各异,可根据目标的需要选择物质、能量、信息的供应者、客户、竞争者、研究者、服务者。重大科技工程有成千上万家企业、科研院所、中介机构等单位参与,他们都是属性各异、功能不同的实体,在组织协同网络中分别担任不同的角色,执行不同的功能。企业的功能是将各种有价值的信息、技术、知识、思想物化为产品或各种服务。科研院所则不断探索和发现实践中的隐含知识、信息与技术,将其提炼、升华、融合为新的知识与研究成果提供给社会。中介机构提供技术咨询、风险融资、信息交流等。正是这种属性和功能的差异使重大科技工程组织协同网络形成一个有机体,这也是网络产生复杂性的根本源泉。实体差异越大,整合起来的难度就越大。这些实体都是理性人,以追求自身利益最大化为目标,而非组织协同网络整体的利益最大化,因此增加了组织管理的复杂性。作为重大科技工程组织协同网络的"积木",这些属性不同的实体可以根据目标的需要进行相应组合或者改变组合,呈现出相应功能的 CAS,以适应新的环境。

另一方面,重大科技工程组织协同网络实体的复杂性表现在构成实体的智能性上,即构成实体对环境变化的适应性,表现为自决策、自学习以及对物质、能量、信息的获取、加工处理、传递扩散的适时反应。组织协同网络实体具有自主决策权,对于流经自己的任何信息都具有加工处理能力,并且这种智能性是组织协同网络与所处环境进行交互作用时所呈现出来的。经济学家成思危认为:"复杂系统最本质的特征是其组分具有某种程度的智能,即具有了解其所处的环境,预测其变化,并按预定目标采取行动的能力"。由智能组分构成的系统能够辨识环境、预测未来、具有学习和自学习等特性。智能实体组成的组织协同网络是一个复杂系统,对外界具有高度的应变能力,具有很强的学习能力、适应性。在重大科技工程实施过程中,组织协同网络的企业、政府等智能实体一般都会自动地根据环境的变化调整战略与环境达成新的适应,也正是这种对环境变化不断适应的智能性给重大科技工程组织协同网络带来了生机和活力以及组织管理的复杂性。

4.4.2 组织协同网络结构的复杂性

一方面，重大科技工程组织协同网络结构的复杂性表现在层次性上，即构成实体在元素层次上不能完成全部整合任务，需要经过不同层次的逐级整合才能最终完成整体任务。把多个层次或多样性束缚在一起就是系统，复杂性只可能出现在等级层次结构的系统中。层次结构越多，元素间的联系长度和联系跨度越大，联系方式越多，非线性作用越强，越容易产生复杂性。为了达到重大科技工程的各种目标，组织协同网络也必定会有很多层次，每一层次均成为上一层次的单元，从不同的角度可以将组织协同网络分成不同的层次结构，各参与方之间的关系也由此变得错综复杂，存在着复杂的委托代理关系和利益风险分配等关系，任何一个实体的变化都会引起其他实体的变化，同时也受到其他实体变化的影响。所以，等级层次结构是重大科技工程组织协同网络结构复杂性的主要根源之一。

另一方面，重大科技工程组织协同网络结构的复杂性表现在实体之间以及与环境之间传递的"流"的丰富性、交互的非线性上。重大科技工程组织协同网络中实体之间以及与环境之间传递的"流"有人才流、物资流、资金流、技术流、信息流、知识流等，这些"流"将独立的实体编织成为网络，提供信息沟通、知识共享的通道，提供知识、信息、技术升值的平台[1]。在实体之间传递的"流"的内容、"流"的频率、"流"的强度改变着组织协同网络实体间的联结形式、联结松弛易变性和联结强度，显然它们随着目标的需要而动态变化。传递的"流"经过

---

[1] 李维安. 网络组织——组织发展新趋势 [M]，北京：经济科学出版社，2003

智能实体之间的非线性作用，使"流"出现增值，产生乘数效应、再循环效应。这两个效应产生的机理可以通过经济学理论解释。实体之间交互的非线性作用也体现于相互作用的非连续性、不确定性、混沌、分岔，正是由于这种作用使得组织协同网络整体上涌现多种可能性、差异性、奇异性和创新性。

以载人航天工程为实证对象，分析信息流的丰富性。载人航天工程的信息来源广泛，有来自政产学研用各单位部门的信息，也有来自研究、规划、设计、生产、试验、使用等各个阶段中各个环节、各个专业的信息以及进度控制、质量控制、投资控制、合同管理、安全控制等各个方面的信息。由于载人航天工程规模大、协作关系复杂、涉及面广，使得工程管理工作涉及大量的信息，针对某一问题产生的信息量较之一般工程项目有了级数的增长，而且信息的产生、传输、加工、使用在时空上具有不一致性。不同参与方之间、不同过程、不同环节之间的信息依赖度和相关度增加，导致信息需求方收集、分析信息工作的难度加大，信息管理的复杂性上升，进一步导致载人航天工程的的管理变得更加复杂。

同时，分析载人航天工程的乘数效应。假设载人航天工程组织协同网络中的节点有全系统集成企业、子系统合成企业、零部件制造企业、原材料供应企业等四级。按层级顺序展开，向全系统集成企业投资 Q_1 万资金。为研制载人航天器，企业需要向其下一级子系统合成企业提出 $Q_2 = rQ_1$ 万的产品需求（r 为乘数因子），子系统合成企业又需要向零部件制造企业提出 $Q_3 = rQ_2 = r^2Q_1$ 万的产品需求，零部件制造企业又需要向原材料供应企业提出 $Q_4 = rQ_3 = r^3Q_1$ 万的原材料需求，……。依次传递，整个重大科技工程组织协同网络创造的总需求 $Q = Q_1 + Q_2 + Q_3 + Q_4 + \cdots = Q_1(1 + r^1 + r^2 + r^3 + \cdots) = Q_1/(1-r)$ 是初始效应的 1（/1-r）倍。最初的投资，通过重大科技工程组织协同网络一步步的传递，总效应按倍数递增，如果 r = 0.8，则 Q = 5Q_1，递增到原来的 5 倍，随着传递系数 r 增加，乘数效应更加显著。

4.4.3 组织协同网络整体的复杂性

首先，重大科技工程组织协同网络整体的复杂性表现在刺激——反应规则的灵敏性上。重大科技工程组织协同网络像 CAS 一样，是由规则描述的、相互作用的实体组成的系统。这些实体随着经验的积累，不断改变规则相互适应以及与环境适应[1]。不论重大科技工程组织协同网络发展的内在诱发动力或外在诱发动力发生变化，重大科技工程组织协同网络都会重组实体、或调整结构、或改变规则来适应变化，以保持重大科技工程组织协同网络与所处环境的协调性。

其次，重大科技工程组织协同网络整体的复杂性表现在开放性上，即重大科技工程组织协同网络中所有实体之间存在相互作用、实体与外界环境也存在相互作用。重大科技工程组织协同网络中的任何实体都会对其他实体或者对环境变化作出相应的反应和调整，从而推动重大科技工程组织协同网络的整体演化。封闭的系统没有复杂性，复杂性必定出现于开放的系统。系统开放的方式和程度、系统与环境的相互作用方式都直接影响着系统的复杂性。任何重大科技工程组织协同网络都是在一定的时间和空间中存在的，一直是社会大系统的一个子系统，是一个远离平衡动态的开放系统，具有典型耗散结构特征，与社会大系统的其他方面发生着各种各样的联系，进而发生物质、能量、信息的交换，从环境中获取人才、资金、信息等负熵流，并向更好的适应环境

---

[1] C. C. Snow, R. E. Miles. Causes for Faiiure in Network Organizations [J]. Califomia Man Review. 1992, 34 (1).

的方向发展变化。

再次,重大科技工程组织协同网络整体的复杂性表现在动态性上,即重大科技工程组织协同网络实体与结构为了适应环境的不断调整、解体与重构的特性。组织协同网络是具有高度智能的实体基于核心能力的互补演化而形成的复杂系统。复杂系统的一个重要特点就是它的构成要素可能要发生变化,系统的边界也要发生相应地变化。组织协同网络应被看作是一个动态演化系统,它的有序性是动态的。实体的退出和进入都会使系统的边界发生变化,在实体之间存在着可渗透、可连续变化的边界和接口,系统有序性也从一种有序状态走向另一种有序状态。组织协同网络又是一个持续涌现系统,不会停留于某一个静止的状态,它不断地建立、修改、延伸和变形,远离平衡动态性演化。组织协同网络的演化有一定的路径选择,是一种协同进化的过程,演化的轨道成为协同进化的路径依赖。在重大科技工程不同实施阶段,组织协同网络呈现出多变、各异的特性,根据目标需要不断解体旧的组织协同网络,构建新的协同模式,以实现与环境的动态适应。

最后,重大科技工程组织协同网络整体的复杂性表现在突现性上,即重大科技工程组织协同网络实体之间的非线性相互作用使系统发生的质的超越和新功能的突现生成。这种新质是重大科技工程组织协同网络的整体效应或综合效应,它既不是实体孤立状态下具有,也不为各实体简单组合所具有,只存在于互相联系中。在载人航天工程中,多个相同零部件的组合,只能实现同类物质量的累积,但不能够产生整体新质——载人航天的功能,只有不同功能的零部件、子系统的组合,才能出现载人航天整体的功能,出现系统新质。同样,对应于研制零部件、子系统的实体组织,只有不同性质、功能各异的实体组织的整合,才能形成承担载人航天工程任务的组织协同网络,出现组织系统新质。

综上所述，来自所处环境的复杂性、不确定性、剧变性，新的网络模型需要通过合作求解、知识求解、创新求解来解决重大科技工程组织协同网络与所处环境互相适应的难题。重大科技工程组织协同网络是在共同目标指引上，通过组织间的协同和网络结构的柔性变化实现重大科技工程组织协同网络的生存和发展。

4.5 重大科技工程组织协同网络的复杂性度量

从以上分析可知，复杂性表现在宏观整体层次和微观局部层次上。由于各类重大科技工程组织协同网络包含的子系统组织数目不同、子系统组织性质不同、子系统组织功能不同，因此重大科技工程组织协同网络整体的涌现性也不同。需要一个描述重大科技工程组织协同网络演化的普适量——熵，大多数学者认为它是衡量系统演化较为普遍的量，系统演化方向可以统一用熵减少或熵增加来表示系统走向有序或者无序，是进化还是退化[①]。在这一节，应用熵理论构建度量重大科技工程组织协同网络复杂性的熵模型。

4.5.1 组织管理的熵应用

熵（Entropy）是 1856 年德国物理学家克劳修斯在《热之唯动说》一书中提出的概念，描述物理系统的热力学状态在孤立系统中实际发生的过程，总是使整个系统的熵 S 数值增大，它是不可逆的，这就是熵增原理，即 $\Delta S > 0$。从微观上理解，熵增加过程就是大量分子运动中的无序程度 Ω 的增加。Ω 越大表明该

---

① 刘式达. 关于对复杂性的几点认识 [C]. 何祚庥. 复杂性研究 [M]. 北京：科学出版社，1993.

宏观状态下可能的微观状态数越多，意味着系统在微观状态的变化繁多，系统的分子运动无序性就越大，二者满足波尔兹曼公式 $S = k\ln\Omega$。系统状态越混乱，Ω 越大，熵越大；系统越有序，熵越小。因此，熵度量系统无序、混乱的程度。

人类对复杂系统及其演化规律研究的需要使得熵的概念已经成为一个自然科学与社会科学都统一使用的概念。人们用熵度量复杂系统的不确定性，进行复杂度的测量等。熵概念与理论几乎被推广应用到所有科学领域，使熵理论得到很大的发展。香农把熵概念引入信息论，建立了信息熵对信息的不确定性进行测度的方法。普利高津推出一个系统由无序状态转变到有序状态时熵必然减少，因此熵可以用来描述系统的演化方向，它是系统复杂性的度量[1]。

系统科学也把熵的概念引入到自己的领域[2]。当系统内部各个要素之间的协调发生障碍时，或者由于环境对系统的不可控输入达到一定程度时，系统就很难继续围绕着目标进行控制，因而在功能上表现出某种程度的紊乱，表现为有序性减弱，无序性增加，系统的这种状态称为系统的熵值增加效应[3]。

管理领域应用熵的思想得到管理熵的定义，即任何一种管理组织、政策、制度、方法等，在相对封闭组织运动过程中，总表现出有效能量逐渐减少、无效能量不断增加的不可逆过程。这也就是组织系统结构中的管理效率递减规律。管理熵以复杂性科学为基础，提供新视角思考问题的理论依据，揭示了复杂的组织系统结构演化及管理决策临界点的内在矛盾运动和规律。复杂系统

---

[1] 宋华玲. 广义与狭义管理熵理论—管理学的新研究领域 [J]. 中国煤炭经济学院学报，2002.16（1）：45—50.

[2] 任佩瑜，张莉，宋勇. 基于复杂性科学的管理熵、管理耗散结构理论及其在企业组织与决策中的应用 [J]. 管理世界，2001，（6）：142—146.

[3] 李传欣. 经济控制论与经济信息系统工程 [M]. 天津科学技术出版社，2003.

内部不断运动着并相互作用和相互影响，产生出更复杂的综合现象，在一定条件下又进一步加速管理熵在组织中的增长。

宋华玲等提出用熵理论度量组织管理系统复杂性的基本思想并从管理信息、功能和结构建立了微观企业组织的复杂性模型。[①] 熵作为信息含量度量和特征值表示广泛应用于确定现象中不确定性和变化度量的研究。对于重大科技工程组织协同网络，内外部环境的多变使得比以往更多地出现大量信息不确定性问题，所有这些不确定性可以用熵概念描述，这就是熵的统计意义应用与度量重大科技工程组织协同网络复杂性的基础。

4.5.2 组织协同网络的熵模型

1. 建模原理

熵是组织管理系统复杂性评价的新尺度。重大科技工程组织协同网络本质上是一个多主体系统，它的复杂性表现在：重大科技工程本身的性质、重大科技工程组织协同网络的构成要素与结构的复杂性、重大科技工程组织协同网络实体间的相互关系、重大科技工程组织协同网络管理运行方式、重大科技工程组织协同网络运行环境等许多方面。按照管理系统的组织化原理，组织系统分为结构和运行两个层次，运行层次主要表征组织系统中信息转化的复杂性，而结构主要表征组织系统结构功能的复杂性。因此，根据重大科技工程组织协同网络的功能特征，可以将其分为运行和结构两大部分，用熵来进行评价。

一部分是反映重大科技工程组织协同网络中流动部分，统称为信息。它构成重大科技工程组织协同网络的神经脉络，通过人

---

① 宋华玲等. 管理熵理论—企业组织管理系统复杂性评价的新尺度 [J]. 管理科学学报，2003.6（3）：19—27.

力、资金、物资、技术、知识、创意、思想、指令、消息等信息流动来激活重大科技工程组织协同网络中的"神经元",反映重大科技工程组织协同网络中实体元素间的关系。这种流动的畅通与否,很大程度上决定了重大科技工程组织协同网络的活力。信息在传递过程中可能出现的堵塞、紊乱、沉淀等都会使信息损失、失真或者混乱,影响重大科技工程组织协同网络的整体功能。信息通道的畅通程度和信息流量的损失率,可以用熵的转化当量来评价,称之为重大科技工程组织协同网络的信息熵。

另一部分是反映重大科技工程组织协同网络中固定部分,统称为结构。它是重大科技工程组织协同网络中的"神经元"之间的结构关系,是对信息流进行吸收、消化、创造或者使之增值的载体,反映网络的结构部分。载体处理信息的能力,是重大科技工程组织协同网络创新能力的关键。结构载体也可以用熵来评价,称之为重大科技工程组织协同网络的结构熵。

因此,参照系统的信息熵和结构熵对重大科技工程组织协同网络的信息和结构进行描述,分别称之为重大科技工程组织协同网络的信息熵和结构熵,综合二者考虑,可以获得重大科技工程组织协同网络的有序度。

2. 模型设计[1][2][3][4]

(1) 信息熵。设重大科技工程组织协同网络中实体元素间有直接信息流关系的称作元素间联系,定义两元素之间经过的联

---

[1] 阎植林,邱莞华,陈志强. 管理系统有序度评价的熵模型 [J]. 系统工程理论与实践, 1997, 17 (6): 45—48.

[2] 周林,刘先省. 基于新定义信息熵的目标检测算法 [J]. 信息与控制, 2005, 34 (1): 119—122.

[3] 洪军. 网络组织复杂性度量的熵模型研究 [J]. 中国管理科学, 2005, 13.

[4] 李习彬. 熵—信息理论及系统工程方法论有效性分析 [J]. 系统工程理论与实践, 1994, 14 (23): 37—42.

系数叫做两元素的联系长度,用 L_{ij} 表示(i,j 表示元素编号,i, $j=1$,2,$\cdots$,N),联系长度 L_{ij} 是重大科技工程组织协同网络中两实体元素之间的最短路径,直接相连的长度为 1,每中转一次长度加 1。

1)设 A_1 是重大科技工程组织协同网络宏观态下信息对应的微观态总数,A_1 与重大科技工程组织协同网络实体元素间联系方式有关,定义为:

$$A_1 = \sum_{i=1,i\neq j}^{N} \sum_{j=1}^{N} L_{ij} \qquad (4.1)$$

2)设 $P_1(ij)$ 是重大科技工程组织协同网络 i、j 元素之间信息微观状态的实现概率,定义为:

$$P_1(ij) = L_{ij}/A_1 \qquad (4.2)$$

由定义可知,$P_1(ij)$ 越大说明重大科技工程组织协同网络中任意两实体元素 i、j 之间联系长度越大,信息"碰撞"机会越多,补充信息、完善信息、创造信息几率越大。

3)定义重大科技工程组织协同网络中任意两个实体元素之间的信息熵 $H_1(ij)$:

$$H_1(ij) = -P_1(ij)\log_a P_1(ij) \qquad (4.3)$$

$H_1(ij)$ 反映信息在重大科技工程组织协同网络中两实体元素 i、j 间流通的不确定性大小,是信源紊乱程度的描述。公式中负号表示重大科技工程组织协同网络从外界获得信息,将减少或消除紊乱状态。

4)重大科技工程组织协同网络的信息熵 H_1:

$$H_1 = \sum_{i=1,i\neq j}^{N} \sum_{j=1}^{N} H_1(ij) \qquad (4.4)$$

H_1 是重大科技工程组织协同网络中所有实体元素的 $H_1(ij)$ 总和,反映信息在重大科技工程组织协同网络中或实体元素间传递过程中时效性的不确定性大小。

5）重大科技工程组织协同网络的最大信息熵 H_{1m}：
$$H_{1m} = \log_a A_1 \quad (4.5)$$
H_{1m} 是重大科技工程组织协同网络信息熵的最大值，与 A_1 有关。

6）重大科技工程组织协同网络的信息有序度 R_1：
$$R_1 = 1 - H_1/H_{1m} \quad\text{——}\quad R_1 \in [0, 1] \quad (4.6)$$
重大科技工程组织协同网络的信息熵 H_1 与最大熵 H_{1m} 之比 H_1/H_{1m} 反映了重大科技工程组织协同网络中信息的不确定性几率，所以 R_1 反映了信息在重大科技工程组织协同网络中信息流通的有效性大小，显然越大越好。

（2）结构熵。设重大科技工程组织协同网络中各实体元素的联系幅度是与该实体元素有直接联系的元素数量，用 K_i 表示（i 表示元素编号，i = 1, 2, …, N），反映重大科技工程组织协同网络实体元素之间的现实联系。K_i 越大，表明元素间联系越广泛。

1）设 A_2 是重大科技工程组织协同网络宏观状态下结构对应的微观态总数，随着元素联系幅度增大而增加，定义为：
$$A_2 = \sum_{i=1}^{N} K_i \quad (4.7)$$

2）设 $P_2(i)$ 是重大科技工程组织协同网络宏观态对应的第 i 种结构微观态出现的概率，定义为：
$$P_2(i) = K_i/A_2 \quad (4.8)$$

3）定义重大科技工程组织协同网络中任意一个元素的结构熵 $H_2(i)$：
$$H_2(i) = -P_2(i) \log_a P_2(i) \quad (4.9)$$
$H_2(i)$ 描述重大科技工程组织协同网络宏观态对应的第 i 种微观状态的不确定性，它既与该宏观状态下可能的微观状态数目有关，亦与不同微观状态出现的概率有关。

4）重大科技工程组织协同网络的结构熵 H_2：

$$H_2 = \sum_{i=1}^{N} H_2(i) \qquad (4.10)$$

结构熵是重大科技工程组织协同网络中所有元素的 $H_2(i)$ 总和，反映重大科技工程组织协同网络宏观态下结构对应的微观状态的无序性，描述重大科技工程组织协同网络结构的不确定性。

5）重大科技工程组织协同网络的最大结构熵 H_{2m}：

$$H_{2m} = \log_a A_2 \qquad (4.11)$$

H_{2m} 是重大科技工程组织协同网络结构熵的最大值，与 A_2 有关。

6）重大科技工程组织协同网络的结构有序度 R_2：

$$R_2 = 1 - H_2/H_{2m} \longrightarrow R_2 \in [0, 1] \qquad (4.12)$$

重大科技工程组织协同网络的结构熵 H_2 与最大熵 H_{2m} 之比 H_2/H_{2m} 反映了重大科技工程组织协同网络结构无序度的几率，所以 R_2 表征了重大科技工程组织协同网络结构的有序度。

（3）重大科技工程组织协同网络有序度 R：

$$R = R_1 + R_2 = (1 - H_1/H_{1m}) + (1 - H_2/H_{2m}) \qquad (4.13)$$

重大科技工程组织协同网络有序度是重大科技工程组织协同网络中信息流通的有效性与重大科技工程组织协同网络结构有序度的综合反映。

4.5.3 组织协同网络的熵运算

假定工作任务分解结构模型如图 4.2 所示，对应的重大科技工程组织协同网络视图如图 4.10 所示，基于同一视图演化出三大典型的重大科技工程组织协同网络模型，即集中型、适应型、分散型，分别进行复杂性的熵运算，最后对比分析，得出结论。

其中，不考虑非正式的协同链接，跨层次的链接已按照一些原则虚拟为相邻两层间的链接，"⑥"表示重大科技工程组织协同网络的第6个实体元素，"—"表示实体元素与实体元素之间有直接联系，计算有序度时取 a = 10 的对数，并约取 4 位小数。

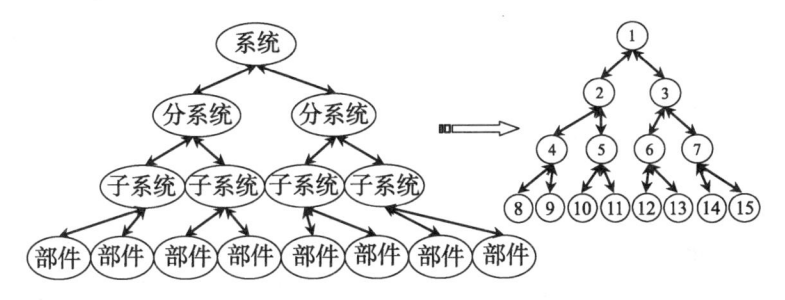

图 4.10 重大科技工程工作任务分解结构模型及其组织协同网络视图

（1）集中型重大科技工程组织协同网络复杂性的熵计算。如图所示，图 4.11 给出由同一个工作任务分解结构模型演化出的集中型重大科技工程组织协同网络模型。

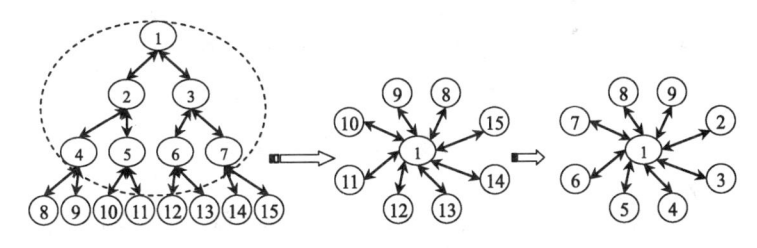

图 4.11 重大科技工程组织协同网络衍生集中型网络

1）分析集中型网络中各元素对其他元素的联结长度 L_{ij}，然后用式（4.1）计算得到模型的微观态总数 A_1，结果列于表 4.1。

表4.1 集中型中元素的联结长度矩阵

L_{ij}	1	2	3	4	5	6	7	8	9	$\sum L_{ij}$
1	0	1	1	1	1	1	1	1	1	8
2	1	0	2	2	2	2	2	2	2	15
3	1	2	0	2	2	2	2	2	2	15
4	1	2	2	0	2	2	2	2	2	15
5	1	2	2	2	0	2	2	2	2	15
6	1	2	2	2	2	0	2	2	2	15
7	1	2	2	2	2	2	0	2	2	15
8	1	2	2	2	2	2	2	0	2	15
9	1	2	2	2	2	2	2	2	0	15
合计	\multicolumn{9}{c}{$A_1 = \sum_{i=1,i\neq j}^{N} \sum_{j=1}^{N} L_{ij} = 128$}	

2) 根据 L_{ij}、A_1 参数，用式（4.2）、（4.3）、（4.4）、（4.5）和（4.6）计算集中型关于信息熵的相关参数：

$$H_{1m} = \log_a A_1 = \ln 128 = 2.1072$$

表4.2 集中型中 P_1（ij）计算矩阵

P_1（ij）	1	2	3	4	5	6	7	8	9
1	0	0.0078	0.0078	0.0078	0.0078	0.0078	0.0078	0.0078	0.0078
2	0.0078	0	0.0156	0.0156	0.0156	0.0156	0.0156	0.0156	0.0156
3	0.0078	0.0156	0	0.0156	0.0156	0.0156	0.0156	0.0156	0.0156
4	0.0078	0.0156	0.0156	0	0.0156	0.0156	0.0156	0.0156	0.0156
5	0.0078	0.0156	0.0156	0.0156	0	0.0156	0.0156	0.0156	0.0156
6	0.0078	0.0156	0.0156	0.0156	0.0156	0	0.0156	0.0156	0.0156
7	0.0078	0.0156	0.0156	0.0156	0.0156	0.0156	0	0.0156	0.0156

续表

$P_1(ij)$	1	2	3	4	5	6	7	8	9
8	0.0078	0.0156	0.0156	0.0156	0.0156	0.0156	0.0156	0	0.0156
9	0.0078	0.0156	0.0156	0.0156	0.0156	0.0156	0.0156	0.0156	0

表 4.3　集中型中 $H_1(ij)$ 计算矩阵 $H_1(ij)$

$H_1(ij)$	1	2	3	4	5	6	7	8	9	$\sum H_1(ij)$
1	0	0.0165	0.0165	0.0165	0.0165	0.0165	0.0165	0.0165	0.0165	0.1317
2	0.0165	0	0.0282	0.0282	0.0282	0.0282	0.0282	0.0282	0.0282	0.214
3	0.0165	0.0282	0	0.0282	0.0282	0.0282	0.0282	0.0282	0.0282	0.214
4	0.0165	0.0282	0.0282	0	0.0282	0.0282	0.0282	0.0282	0.0282	0.214
5	0.0165	0.0282	0.0282	0.0282	0.0282	0.0282	0.0282	0.0282	0.0282	0.2422
6	0.0165	0.0282	0.0282	0.0282	0.0282	0	0.0282	0.0282	0.0282	0.214
7	0.0165	0.0282	0.0282	0.0282	0.0282	0.0282	0	0.0282	0.0282	0.214
8	0.0165	0.0282	0.0282	0.0282	0.0282	0.0282	0.0282	0	0.0282	0.214
9	0.0165	0.0282	0.0282	0.0282	0.0282	0.0282	0.0282	0.0282	0	0.214
合计				$H_1 = \sum_{i=1, i \neq jj=1}^{N} \sum_{j=1}^{N} H_1(ij) = 1.872$						

然后，得到集中型的信息有序度：

$$R_1 = 1 - H_1/H_{1m} = 0.1116$$

3）分析集中型网络中各元素的联结幅度 K_i，然后用式（4.1）计算得到模型反映联系幅度的微观态总数的结构微观态总数 A_2，结果列于表 4.4。

表 4.4 集中型中元素的联结幅度及对应的微观态总数

i	1	2	3	4	5	6	7	8	9
K_i	8	1	1	1	1	1	1	1	1
合计				$A_2 = \sum_{i=1}^{N} K_i = 16$					

4) 根据 K_i、A_2 参数，用式（4.8）、（4.9）、（4.10）、（4.11）和（4.12）计算集中型关于结构熵的相关参数：

$$H_{2m} = \log_a A_2 = \ln 16 = 1.2041$$

表 4.5 集中型中 $P_2(i)$、$H_2(i)$ 计算矩阵

i	1	2	3	4	5	6	7	8	9
P2(i)	0.5	0.0625	0.0625	0.0625	0.0625	0.0625	0.0625	0.0625	0.0625
lnP2(i)	-0.301	-1.204	-1.204	-1.204	-1.204	-1.204	-1.204	-1.204	-1.204
H2(i)	0.1505	0.0753	0.0753	0.0753	0.0753	0.0753	0.0753	0.0753	0.0753
合计				$H_2 = \sum_{i=1}^{N} H_2(i) = 0.7529$					

然后，得到集中型的结构有序度 $R_2 = 1 - H_2/H_{2m} = 0.3747$

因此，用式（4.13）计算得到集中型重大科技工程组织协同网络有序度为：

$R = R_1 + R_2 = (1-H_1/H_{1m}) + (1 - H_2/H_{2m}) = 0.1116 + 0.3747 = 0.4863$

（2）适应型重大科技工程组织协同网络复杂性的熵计算。图 4.12 给出由同一个工作任务分解结构模型演化出的适应型重大科技工程组织协同网络模型。

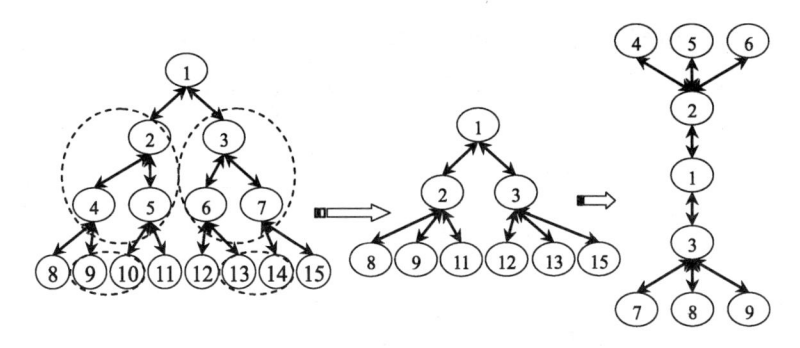

图 4.12　重大科技工程组织协同网络衍生适应型网络

1）分析适应型网络中各元素对其它元素的联结长度 L_{ij}，然后用式（4.1）计算得到模型的微观态总数 A_1，结果列于表 4.6。

表 4.6　适应型中元素的联结长度矩阵

L_{ij}	1	2	3	4	5	6	7	8	9	$\sum L_{ij}$
1	0	1	1	2	2	2	2	2	2	14
2	1	0	2	1	1	1	3	3	3	15
3	1	2	0	3	3	3	1	1	1	15
4	2	1	3	0	2	2	4	4	4	22
5	2	1	3	2	0	2	4	4	4	22
6	2	1	3	2	2	0	4	4	4	22
7	2	3	1	4	4	4	0	2	2	22
8	2	3	1	4	4	4	2	0	2	22
9	2	3	1	4	4	4	2	2	0	22
合计				$A_1 = \sum_{i=1,i\neq j}^{N} \sum_{j=1}^{N} L_{ij} = 176$						

2) 根据 L_{ij}、A_1 参数，用式（4.2）、（4.3）、（4.4）、（4.5）和（4.6）计算适应型关于信息熵的相关参数：

$$H_{1m} = \log_a A_1 = \ln 176 = 2.2455$$

表 4.7 适应型中 P_1（ij）计算矩阵

P1（ij）	1	2	3	4	5	6	7	8	9
1	0	0.0057	0.0057	0.0114	0.0114	0.0114	0.0114	0.0114	0.0114
2	0.0057	0	0.0114	0.0057	0.0057	0.0057	0.017	0.017	0.017
3	0.0057	0.0114	0	0.017	0.017	0.017	0.0057	0.0057	0.0057
4	0.0114	0.0057	0.017	0	0.0114	0.0114	0.0227	0.0227	0.0227
5	0.0114	0.0057	0.017	0.0114	0	0.0114	0.0227	0.0227	0.0227
6	0.0114	0.0057	0.017	0.0114	0.0114	0	0.0227	0.0227	0.0227
7	0.0114	0.017	0.0057	0.0227	0.0227	0.0227	0	0.0114	0.0114
8	0.0114	0.017	0.0057	0.0227	0.0227	0.0227	0.0114	0	0.0114
9	0.0114	0.017	0.0057	0.0227	0.0227	0.0227	0.0114	0.0114	0

表 4.8 适应型中 H_1（ij）计算矩阵

H_1（ij）	1	2	3	4	5	6	7	8	9	$\sum H_1(ij)$
1	0	0.0128	0.0128	0.0221	0.0221	0.0221	0.0221	0.0221	0.0221	0.1581
2	0.0128	0	0.0221	0.0128	0.0128	0.0128	0.0301	0.0301	0.0301	0.1636
3	0.0128	0.0221	0	0.0301	0.0301	0.0301	0.0128	0.0128	0.0128	0.1636
4	0.0221	0.0128	0.0301	0	0.0221	0.0221	0.0374	0.0374	0.0374	0.2212
5	0.0221	0.0128	0.0301	0.0221	0	0.0221	0.0374	0.0374	0.0374	0.2212
6	0.0221	0.0128	0.0301	0.0221	0.0221	0	0.0374	0.0374	0.0374	0.2212
7	0.0221	0.0301	0.0128	0.0374	0.0374	0.0374	0	0.0221	0.0221	0.2212
8	0.0221	0.0301	0.0128	0.0374	0.0374	0.0374	0.0221	0	0.0221	0.2212
9	0.0221	0.0301	0.0128	0.0374	0.0374	0.0374	0.0221	0.0221	0	0.2212
合计				$H_1 = \sum\limits_{i=1, i \neq jj}^{N} \sum\limits_{jj=1}^{N} H_1(ij) = 1.8127$						

然后，得到适应型的信息有序度：

$R_1 = 1 - H_1/H_{1m} = 0.1928$

3）分析适应型网络中各元素的联结幅度 K_i，然后用式（4.1）计算得到模型反映联系幅度的微观态总数的结构微观态总数 A_2，结果列于表 4.9。

表 4.9　适应型中元素的联结幅度及对应的微观态总数

i	1	2	3	4	5	6	7	8	9
Ki	2	4	4	1	1	1	1	1	1
合计	$A_2 = \sum_{i=1}^{N} K_i = 16$									

4）根据 K_i、A_2 参数，用式（4.8）、（4.9）、（4.10）、（4.11）和（4.12）计算适应型关于结构熵的相关参数：

$$H_{2m} = \log_a A_2 = \ln 16 = 1.2041$$

表 4.10　适应型中 $P_2(i)$、$H_2(i)$ 计算矩阵

i	1	2	3	4	5	6	7	8	9
P2 (i)	0.125	0.25	0.25	0.0625	0.0625	0.0625	0.0625	0.0625	0.0625
lnP2 (i)	-0.903	-0.602	-0.602	-1.204	-1.204	-1.204	-1.204	-1.204	-1.204
H2 (i)	0.1129	0.1505	0.1505	0.0753	0.0753	0.0753	0.0753	0.0753	0.0753
合计	$H_2 = \sum_{i=1}^{N} H_2(i) = 0.8655$									

然后，得到适应型的结构有序度：

$$R_2 = 1 - H_2/H_{2m} = 0.2813$$

因此，用式（4.13）计算得到适应型重大科技工程组织协同网络有序度为：

$$R = R_1 + R_2 = (1 - H_1/H_{1m}) + (1 - H_2/H_{2m}) = 0.1928 + 0.2813 = 0.474$$

（3）分散型重大科技工程组织协同网络复杂性的熵计算。如图所示，图4.13给出由同一个工作任务分解结构模型演化出的分散型重大科技工程组织协同网络模型。

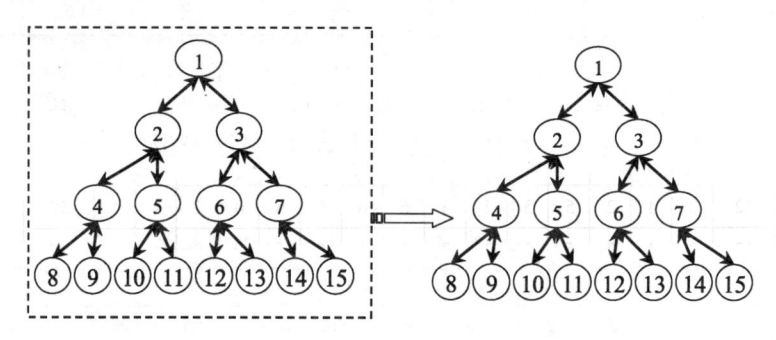

图4.13 重大科技工程组织协同网络总体衍生分散型网络

1）分析分散型网络中各元素对其他元素的联结长度 L_{ij}，然后用式（4.1）计算得到模型的微观态总数 A_1，结果列于表4.11。

表4.11 分散型中元素的联结长度矩阵

L_{ij}	1	2	3	4	5	6	7	8	9	10	11	12	13	14	15	$\sum L_{ij}$
1	0	1	1	2	2	2	2	3	3	3	3	3	3	3	3	34
2	1	0	2	1	1	3	3	2	2	2	2	4	4	4	4	35
3	1	2	0	3	3	1	1	4	4	4	4	2	2	2	2	35
4	2	1	3	0	2	4	4	1	1	3	3	5	5	5	5	44
5	2	1	3	2	0	4	4	3	3	1	1	5	5	5	5	44
6	2	3	1	4	4	0	2	5	5	5	5	1	1	3	3	44
7	2	3	1	4	4	2	0	5	5	5	5	3	3	1	1	44
8	3	2	4	1	3	5	5	0	2	4	4	6	6	6	6	57
9	3	2	4	1	3	5	5	2	0	4	4	6	6	6	6	57
10	3	2	4	3	1	5	5	4	4	0	2	6	6	6	6	57
11	3	2	4	3	1	5	5	4	4	2	0	6	6	6	6	57
12	3	4	2	5	5	1	3	6	6	6	6	0	2	4	4	57
13	3	4	2	5	5	1	3	6	6	6	6	2	0	4	4	57
14	3	4	2	5	5	3	1	6	6	6	6	4	4	0	2	57
15	3	4	2	5	5	3	1	6	6	6	6	4	4	2	0	57
合计				$A_1 = \sum_{i=1, i \neq j}^{N} \sum_{j=1}^{N} L_{ij} = 736$												

2) 根据 L_{ij}、A_1 参数，用式 (4.2)、(4.3)、(4.4)、(4.5) 和 (4.6) 计算分散型关于信息熵的相关参数：

$$H_{1m} = \log_a A_1 = \ln 736 = 2.8669$$

表 4.12 分散型中 P_1 (ij) 计算矩阵

P_1(ij)	1	2	3	4	5	6	7	8	9	10	11	12	13	14	15
1	0	0.0014	0.0014	0.0027	0.0027	0.0027	0.0027	0.0041	0.0041	0.0041	0.0041	0.0041	0.0041	0.0041	0.0041
2	0.0014	0	0.0027	0.0014	0.0014	0.0041	0.0041	0.0027	0.0027	0.0027	0.0027	0.0054	0.0054	0.0054	0.0054
3	0.0014	0.0027	0	0.0041	0.0041	0.0014	0.0014	0.0054	0.0054	0.0054	0.0054	0.0027	0.0027	0.0027	0.0027
4	0.0027	0.0014	0.0041	0	0.0027	0.0054	0.0054	0.0014	0.0014	0.0041	0.0041	0.0068	0.0068	0.0068	0.0068
5	0.0027	0.0014	0.0041	0.0027	0	0.0054	0.0054	0.0041	0.0041	0.0014	0.0014	0.0068	0.0068	0.0068	0.0068
6	0.0027	0.0041	0.0014	0.0054	0.0054	0	0.0027	0.0068	0.0068	0.0068	0.0068	0.0014	0.0014	0.0041	0.0041
7	0.0027	0.0041	0.0014	0.0054	0.0054	0.0027	0	0.0068	0.0068	0.0068	0.0068	0.0041	0.0041	0.0014	0.0014
8	0.0041	0.0027	0.0054	0.0014	0.0041	0.0068	0.0068	0	0.0027	0.0054	0.0054	0.0082	0.0082	0.0082	0.0082
9	0.0041	0.0027	0.0054	0.0014	0.0041	0.0068	0.0068	0.0027	0	0.0054	0.0054	0.0082	0.0082	0.0082	0.0082
10	0.0041	0.0027	0.0054	0.0041	0.0014	0.0068	0.0068	0.0054	0.0054	0	0.0027	0.0082	0.0082	0.0082	0.0082
11	0.0041	0.0027	0.0054	0.0041	0.0014	0.0068	0.0068	0.0054	0.0054	0.0027	0	0.0082	0.0082	0.0082	0.0082
12	0.0041	0.0054	0.0027	0.0068	0.0068	0.0014	0.0041	0.0082	0.0082	0.0082	0.0082	0	0.0027	0.0054	0.0054
13	0.0041	0.0054	0.0027	0.0068	0.0068	0.0014	0.0041	0.0082	0.0082	0.0082	0.0082	0.0027	0	0.0054	0.0054
14	0.0041	0.0054	0.0027	0.0068	0.0068	0.0041	0.0014	0.0082	0.0082	0.0082	0.0082	0.0054	0.0054	0	0.0027
15	0.0041	0.0054	0.0027	0.0068	0.0068	0.0041	0.0014	0.0082	0.0082	0.0082	0.0082	0.0054	0.0054	0.0027	0

表 4.13 分散型中 $H_1(ij)$ 计算矩阵

$H_1(ij)$	1	2	3	4	5	6	7	8	9	10	11	12	13	14	15	$\sum H_1(ij)$
1	0	0.0039	0.0039	0.007	0.007	0.007	0.007	0.0097	0.0097	0.0097	0.0097	0.0097	0.0097	0.0097	0.0097	0.1136
2	0.0039	0	0.007	0.0039	0.0039	0.0097	0.0097	0.007	0.007	0.007	0.007	0.0123	0.0123	0.0123	0.0123	0.1153
3	0.0039	0.007	0	0.0097	0.0097	0.0039	0.0039	0.0123	0.0123	0.0123	0.0123	0.007	0.007	0.007	0.007	0.1153
4	0.007	0.0039	0.0097	0	0.007	0.0123	0.0123	0.0039	0.0039	0.0097	0.0097	0.0147	0.0147	0.0147	0.0147	0.1384
5	0.007	0.0039	0.0097	0.007	0	0.0123	0.0123	0.0097	0.0097	0.0039	0.0039	0.0147	0.0147	0.0147	0.0147	0.1384
6	0.007	0.0097	0.0039	0.0123	0.0123	0	0.007	0.0147	0.0147	0.0147	0.0147	0.0039	0.0039	0.0097	0.0097	0.1384
7	0.007	0.0097	0.0039	0.0123	0.0123	0.007	0	0.0147	0.0147	0.0147	0.0147	0.0097	0.0097	0.0039	0.0039	0.1384
8	0.0097	0.007	0.0123	0.0039	0.0097	0.0147	0.0147	0	0.007	0.0123	0.0123	0.017	0.017	0.017	0.017	0.1718
9	0.0097	0.007	0.0123	0.0039	0.0097	0.0147	0.0147	0.007	0	0.0123	0.0123	0.017	0.017	0.017	0.017	0.1718
10	0.0097	0.007	0.0123	0.0097	0.0039	0.0147	0.0147	0.0123	0.0123	0	0.007	0.017	0.017	0.017	0.017	0.1718
11	0.0097	0.007	0.0123	0.0097	0.0039	0.0147	0.0147	0.0123	0.0123	0.007	0	0.017	0.017	0.017	0.017	0.1718
12	0.0097	0.0123	0.007	0.0147	0.0147	0.0039	0.0097	0.017	0.017	0.017	0.017	0	0.007	0.0123	0.0123	0.1718
13	0.0097	0.0123	0.007	0.0147	0.0147	0.0039	0.0097	0.017	0.017	0.017	0.017	0.007	0	0.0123	0.0123	0.1718
14	0.0097	0.0123	0.007	0.0147	0.0147	0.0097	0.0039	0.017	0.017	0.017	0.017	0.0123	0.0123	0	0.007	0.1718
15	0.0097	0.0123	0.007	0.0147	0.0147	0.0097	0.0039	0.017	0.017	0.017	0.017	0.0123	0.0123	0.007	0	0.1718
合计																$H_1 = \sum_{i=1, i \neq j}^{N} \sum_{j=1}^{N} H_1(ij) = 2.2722$

然后，得到分散型的信息有序度：
$$R_1 = 1 - H_1/H_{1m} = 0.2074$$

3）分析分散型网络中各元素的联结幅度 K_i，然后用式（4.1）计算得到模型反映联系幅度的微观态总数的结构微观态总数 A_2，结果列于表4.14。

表4.14　分散型中元素的联结幅度及对应的微观态总数

i	1	2	3	4	5	6	7	8	9	10	11	12	13	14	15
K_i	2	3	3	3	3	3	3	1	1	1	1	1	1	1	1
合计	\multicolumn{15}{c}{$A_2 = \sum_{i=1}^{N} K_i = 28$}

4）根据 K_i、A_2 参数，用式（4.8）、（4.9）、（4.10）、（4.11）和（4.12）计算分散型关于结构熵的相关参数。（表4.15 见167页）：
$$H_{2m} = \log_a A_2 = \ln 28 = 1.4472$$

然后，得到分散型的结构有序度：
$$R_2 = 1 - H_2/H_{2m} = 0.2268$$

因此，用式（4.13）计算得到分散型重大科技工程组织协同网络有序度为：

$R = R_1 + R_2 =$（$1 - H_1/H_{1m}$）+（$1 - H_2/H_{2m}$）$= 0.2074 + 0.2268 = 0.4342$

（4）为便于比较三种模型的复杂性，将模型有序度的相关参数统一列于表4.16中。

表 4.15 分散型中 $P_2(i)$、$H_2(i)$ 计算矩阵

i	1	2	3	4	5	6	7	8	9	10	11	12	13	14	15
P2(i)	0.0714	0.1071	0.1071	0.1071	0.1071	0.1071	0.1071	0.0357	0.0357	0.0357	0.0357	0.0357	0.0357	0.0357	0.0357
lnP2(i)	-1.146	-0.97	-0.97	-0.97	-0.97	-0.97	-0.97	-1.447	-1.447	-1.447	-1.447	-1.447	-1.447	-1.447	-1.447
H2(i)	0.0819	0.1039	0.1039	0.1039	0.1039	0.1039	0.1039	0.0517	0.0517	0.0517	0.0517	0.0517	0.0517	0.0517	0.0517
合计	$H_2 = \sum_{i=1}^{N} H_2(i) = 1.1189$															

表 4.16　三种模型有序度相关参数矩阵信息微观态总数

	信息微观态总数 A_1	最大信息熵 H_1M	信息熵 H_1	信息有序度 R_1	结构微观态总数 A_2	最大结构熵 H_2M	结构熵 H_2	结构有序度 R_2	有序度 R
集中型（二层）	128	2.1072	1.872	0.1116	16	1.2041	0.7529	0.3747	0.4863
适应型（三层）	176	2.2455	1.8127	0.1928	16	1.2041	0.8655	0.2813	0.474
分散型（四层）	736	2.8669	2.2722	0.2074	28	1.4472	1.1189	0.2268	0.4342

重大科技工程的组织实施需要进行科技人力、财力、物力资源的整合，需要政府、企业、高校、研究院所等实体围绕共同的目标进行合作，进而形成相应的组织协同网络，其中在各个实体间流动着目标流、任务流、人才流、物资流、资金流、技术流、时间流等有形或无形的信息流。根据上述三种模型有序度相关参数矩阵，可知：

1）集中型、适应型、分散型重大科技工程组织协同网络有着不同的信息有序度、结构有序度和总有序度，这与信息微观态总数和结构微观态总数有关，即与联系长度总数和联系幅度总数有关，也是由整体构型及其层次决定的。

2）随着集中型、适应型、分散型重大科技工程组织协同网络的信息微观态总数和结构微观态总数的增加，即复杂性的增加，最大信息熵和最大结构熵呈现递增趋势，信息有序度呈现递增趋势，结构有序度呈现递减趋势，总有序度呈现递减趋势。说明集中型重大科技工程组织协同网络信息流通有效性小于适应型和分散型，适应型重大科技工程组织协同网络信息流通有效性小于分散型。集中型重大科技工程组织协同网络结构有序性大于适应型和分散型，适应型重大科技工程组织协同网络结构有序性大于分散型，总体而言，集中型重大科技工程组织协同有序性大于适应型和分散型，适应型重大科技工程组织协同网络有序性大于分散型。

3）三模型结构有序度和总有序度递减的规律进一步说明，如果要加强分散型重大科技工程组织协同网络的有序性，则需要将分散型重大科技工程组织协同网络向集中型重大科技工程组织协同网络方向转化。因此，为了实现重大科技工程研制重大战略产品的目标，可以利用环境力量因素，如政府权力因素（即职权动因）或市场利益因素（即契约动因），将分散型重大科技工程组织协同网络强化为无形的集中型重大科技工程组织协同网络，或者将分散型重大科技工程组织协同网络内化为集中型重大科技工程组织协同网络，利用内部职权加强链接。这也回答了为什么"两弹一星"的系统工程组织管理模式在非常恶劣的条件下、非常短的时间内组织成千上万的人取得了如此辉煌的成就，而如今在计划经济向市场经济转轨下的国家科技重大专项组织实施为什么迫切需要协调统一的新型"举国体制"，集中全国优势力量进行攻坚。

4）三模型信息有序度递增的规律也进一步说明，分散型重大科技工程组织协同网络的信息流通有效性最大。因此，为了达到利用重大科技工程创建高新技术企业、建立战略新兴产业、增强市场经济活力的终极目标，也可以在重大科技工程研制重大战略产品的目标实现之后，即在重大科技工程后期运营和维护阶段，运用政府宏观的行政、法律、经济调控手段将集中式的集中型重大科技工程组织协同网络转化为分布式的分散型重大科技工程组织协同网络，由实体利用契约动因自发进行链接。这也从侧面间接回答了为什么起源于"两弹一星"工程的国防科技工业需要由自我封闭、自我发展、自成体系状态向军民结合、寓军于民的军民融合式发展方向转变，以增强国防科技工业自身市场竞争活力，并促进国民经济和社会发展。

4.6 本章小结

结合我国重大科技工程组织管理实际，本章在综述协同理论和网络组织理论基础上，运用系统工程和项目管理方法和技术。首先提出构建重大科技工程组织协同网络的目标一致、分工协作、信息沟通、上层组织精简原则。其次，对重大科技工程构设了集中型、适应型、分散型三种组织协同网络模型，并以重大科技工程组织协同网络形成的动因和链接的方式作为分类标准，把组织协同网络的链接关系分为职权链接关系和契约链接关系，并初步提出基于职权链接和基于契约链接的两种重大科技工程组织协同网络管理模式。再次，详细分析了重大科技工程组织协同网络的协同管理形成、实现、约束过程。然后，分析重大科技工程组织协同网络的实体、结构、整体的复杂性，运用熵理论提出定量评价重大科技工程组织协同网络复杂性的信息熵和结构熵模型，重点是从建模思想出发进行了模型构造和分析。最后，基于组织协同网络复杂性熵模型，对集中型、适应型、分散型三种组织协同网络模型进行了熵运算，由此得出相应的研究结论，即三种组织协同网络模型有着不同的信息有序度、结构有序度和总有序度，三模型结构有序度和总有序度递减，信息有序度递增，因而分散型重大科技工程组织协同网络的信息流通有效性最大，但需要加强分散型重大科技工程组织协同网络的总有序性。

第5章 基于职权链接的 MSTP 组织协同网络管理模式研究

立足于我国社会主义集中力量办大事的政治职权特色优势，基于系统工程、项目管理知识体系和重大科技工程组织协同网络模型，本章提出基于权力动因和职权链接关系的重大科技工程（MSTP）组织协同网络管理模式，即政府指令型管理模式，并分析其中的的职权协同关系和模式形成特点。然后，运用计算组织理论定量测度基于职权链接的重大科技工程组织协同网络管理模式，描绘出相应的模式视图和组织、流程、关系测度程序，给出相应的关系测度模型，最后给出基于职权链接的重大科技工程组织协同网络管理模式运行特征和适用性，以期对转轨经济环境中政府主导的重大科技工程组织管理具有指导意义。

5.1 基于职权链接的 MSTP 组织协同网络管理模式形成分析

5.1.1 组织协同网络的职权协同关系

权力是个人或团体影响和制约他人或其他团体价值资源的能力，包括职责范围内的指挥或支配力量。职权与组织内的一定职位相关，是一种职位的权力，指管理职位所固有的做出决策、发布命令的一种权力。在基于职权链接的重大科技工程组织协同网络管理模式中，实体组织之间是基于职权的协同关系，这种职权就是处于某一级职位上的权力，是一种能够影响其他组织处理、管理业务的权力，是围绕重大科技工程的组织实施而由政府安排的权力，是为了重大科技工程组织管理而由政府赋予各级组织领导者的具有法律效力的权力，被称为法定权，具体反映为指挥权、决策权、奖惩权。这也就决定了基于职权链接的重大科技工程组织协同网络中的实体组织之间有着指挥与被指挥、决策与被决策、奖惩与被奖惩的协同关系。

（1）指挥与被指挥的关系。在基于职权链接的重大科技工程组织协同网络管理模式中，上一级组织的领导可以任命、指挥下一级组织的领导，并有限负责，其有明确、严格的职责，并被赋予明确的权限范围，以保证上一级组织的领导能够运用组织协同网络总体构建者（政府）所赋予的法定的权力，直接指挥下一级组织的领导，下一级组织的领导必须绝对服从上一级组织领导的指挥和领导，以保证整体管理工作高效、有序的开展。

（2）决策与被决策的关系。决策是领导者非常重要的工作内容，是重要的管理职能。在基于职权链接的重大科技工程组织协同网络管理模式中，各级组织的领导在授权范围内，针对下一级组织有一定限度的人财物决策权，针对本组织的工作有更大程度的决策权。各级组织领导需要运用科学的决策程序和方法，为本级组织和下一级组织制定出正确的决策。否则，决策失误了，会给整个组织协同网络带来预想不到的后果。上一级组织的领导也不能越俎代庖，代替下一级组织的领导作出其授权范围内的决策。这是保证各负其责、决策正确、调动各级组织领导者积极性、增强其责任心的重要措施。

（3）奖惩与被奖惩的关系。基于职权链接的重大科技工程组织协同网络中的每一个实体组织都非常关注自身的收益。因此，基于职权链接的重大科技工程组织协同网络也需要设有一定的奖惩权，上一级组织的领导能够根据下一级组织业务考核的情况给予其一定的奖惩，只有这样，才能发挥各级组织领导的权威作用，才能真正起到鼓励先进、鞭策后进、调动积极性、增强动力的效果。

在计划经济体制下，我国重大科技工程是在国家统一规划、统一指挥下实施的，高度反映国家发展战略意图，代表国家意志和国家利益。重大科技工程的研究、规划、设计、试制、试验、生产与使用之间基本上是靠行政计划指令联结，实施组织之间形成了典型的基于职权的链接关系。从中央到每一个承担重大科技工程任务的单位，都处于其组织状态，所进行的工程活动主要是依靠国家的行政行为、行政手段和政策支持。国家机关依靠行政权力对重大科技工程进行集中统一领导和管理，组织全国大协作，指导全国人、财、物的统一调配，有力促进了重大科技工程的正常实施，保证了重大科技工程组织实施的权威性、有序性。

5.1.2 组织协同网络管理模式的形成

基于职权链接的重大科技工程组织协同网络管理模式有其自身的形成特点和过程。在基于职权链接的组织协同网络的构建中，政府发挥着主导作用。由于重大科技工程持续时间较长，可能几年甚至几十年，为了实现重大科技工程的目标，政府相关部门可以成立一个实施组织专门总体负责，或者委托一个现有的实施组织牵头，由其成立一个专门总体机构具体组织实施。围绕着重大科技工程的任务实施，上一级实施组织可以创建下一级实施组织或者在政府的授权下将一个甚至多个现有的组织纳为自己的下一级实施组织。最后，在政府的统筹下，形成了一个体系庞大的重大科技工程组织协同网络。"两弹一星"工程组织管理模式就是典型的基于职权链接的重大科技工程组织协同网络管理模式，它的形成过程就是如此。

以职权为动因和链接构建起来的重大科技工程组织协同网络，不论是集中型、适应型，还是分散型，都有着典型的层次分明的等级结构，有着严格的静态职权结构，在组织管理中贯彻命令统一原则，贯彻责、权、利三者对等的关系，下一级组织隶属于上一级组织，下一级组织的主要领导由上一级组织来任命，下一级组织的主要领导必须服从上一级组织的领导，向上一级组织领导汇报工作，上一级组织领导监督下一级组织的业务执行，自上而下形成了一条清晰的直线指挥链来进行命令信息传递，路径清晰，从高层组织领导至基层组织领导都有清楚而明确的责权描述。因此，在基于职权链接的重大科技工程组织协同网络中，重大科技工程是"一把手"工程。

基于职权链接的集中型、适应型和分散型重大科技工程组织协同网络的不同之处在于职权的内外区别。在基于职权链接的集中型重大科技工程组织协同网络中，职权更多地体现为内部职权，在实施组织内部上一级实施单位直接领导下一级实施单位。在基于职权链接的适应型和分散型重大科技工程组织协同网络中，职权更多地体现为外部职权，通过政府的授权，上一级实施组织领导下一级实施组织，其中政府发挥着极其重要的统筹作用。

在基于职权链接的重大科技工程组织协同网络中，下一级实施组织的科技攻关、产品研制任务由上一级实施组织或第一级实施组织总体来下达和指定，相应的实施费用也由上一级实施组织来拨付，自上而下流动着目标流、任务流、技术流、人员流、资金流、物资流、信息流等，自下而上流动着技术流、产品流、人员流等。在实施组织内部，围绕着产品研制任务的实施，科技人员在科技平台的支撑下进行着科技攻关，管理人员为科技人员提供着保障服务，基于一次性项目任务组织和传统职能部门之间关系形成了职能式、项目式、矩阵式等组织管理方式。对于整个重大科技工程组织协同网络，自上而下贯穿着一条行政管理的人员责任主线、指挥主线、保障主线，包含着一条科技攻关的人员衔接主线，隐藏着一条横向学科专业知识经验交流的人员平行线，形成了一套纵横交错的动态的人员组织运行规则。

5.2 基于职权链接的 MSTP 组织协同网络管理模式视图

在基于职权链接的重大科技工程组织协同网络管理模式中，实施组织在职权的驱动下形成整体有序行为和相应的协同网络关系，其有序的行为匹配于组织协同网络完成重大科技工程目标的任务流程，相应的协同网络关系是与有序行为匹配的实施组织间的协同关系。基于职权链接的重大科技工程组织协同网络管理模式的基本元素包括：实施组织、网络关系、实施过程和任务。

实施组织是工程活动的载体，包括领导者（决策者）和科技资源（科研人员、设备、经费等），科技资源是领导者实施任务的凭借，不同的科技资源具备不同的能力；网络关系是组织之间的链接关系，具体为领导者、科技资源和任务之间的链接关系，包括实施组织科技资源在任务过程中的协作关系、领导者对科技资源的管理和保障关系、实施组织领导者之间的指挥和控制关系；实施过程是组织协同网络实现重大科技工程目标的整体有序行为，是实施任务的行动过程或者任务流程；任务是影响组织协同网络的重要因素，不同的任务对组织协同网络测度参数有不同的要求，在复杂不确定的任务条件下，需要增加实施组织间的协同交流以提高网络效能，而在确定的任务条件则应减少实施组织间的相互依赖以提高运行效率，同时，任务的不确定因素也影响行动过程。

实施组织（结点）、网络关系（链接）、实施过程和任务基本元素构成了一个完整的基于职权链接的重大科技工程组织协同网络管理模式视图，如图5.1所示。

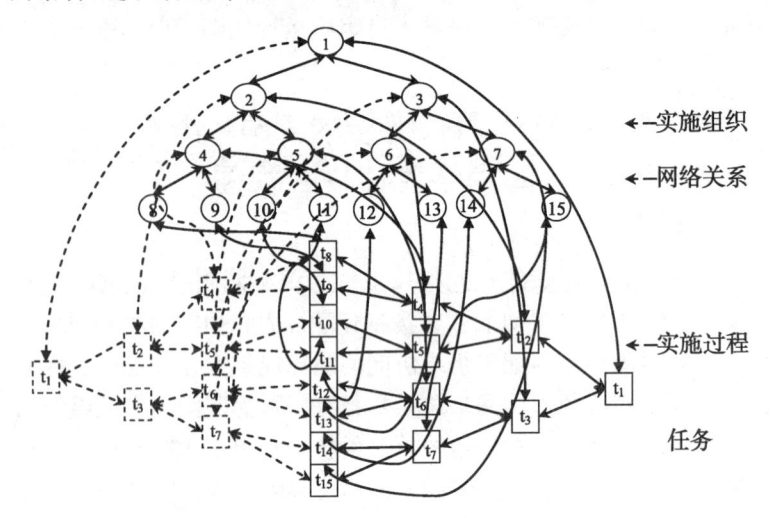

图 5.1 基于职权链接的组织协同网络管理模式视图

通常，对于实施组织，可以建立模型，就是建立对科技资源和领导者的正确描述，而对于关系、过程以及任务，则需要定位它们之间的联系，然后再建立测度参数和测度方法。任务是网络关系和实施过程确立的依据，而实施组织高效能运行完成目标的关键是实施过程的建立，即任务流程的建立。网络关系是任务流程得以实现的保证，任务流程的有效实现在很大程度上取决于网络关系。现将建立任务、任务流程、网络关系的抽象概念视图描述如下：

(1) 任务。任务 T 描述组织协同网络所承担的整个工程任务。对任务的测度常采用复杂性 c 和稳定性 s，也有采用对任务观察的矢量来描述任务的动态复杂特征。不同的任务复杂性对组织协同网络设计产生不同的需求。设任务的复杂性为 Ct，则任务为：

$$Ct = F_1(T, Am) \qquad (5.1)$$

其中，T、Am 分别表示任务和属性，F_1 表示有效测度任务的复杂性在 T 和 Am 之间的函数关系。Ct 确定了组织协同网络设计参数，即对组织协同确定了设计目标，在简单任务条件下需要减少组织协同，在较为复杂的任务条件下则需要尽可能增加协同量。不同的任务特征需要建立与之相适应的组织协同网络模型，这包括集中、适应或分散型组织协同网络。

(2) 任务流程。任务流程 Tp 描述组织协同网络实现其目标的运行流程。任务流程是组织协同网络构造的基础。流程的有效性 Etp 是对实施任务的行动过程的有效度量。其中，任务和实施组织之间的结构关系影响过程的有效性。任务流程存在三种关系，即串行关系、并行关系、串并交叉关系。任务流程 Tp 可以表示为过程流的有向图 Tp = (N_t, E_t)，其中 N_t 为过程结点，有向边 E_t 描述过程间的顺序关系和数据流，则对任务流程有效性的测度可以表示为：

$$Etp = F_2(T_P, Ct) \qquad (5.2)$$

过程有效性建立在任务、过程实施的组织协同网络关系基础之上，任务的不确定因素以及实施组织科技资源的关联是过程建立主要考虑因素，由此导致了过程设计与关系设计的迭代。

(3) 网络关系。网络关系 Rn 是由组织协同网络实施组织领导者、科技资源和任务之间的协同关系体现，网络关系决定了实施组织的协同，实施组织的协同在很大程度上决定了过程实施的好坏。组织协同网络在实施组织领导者、科技资源和任务之间的关系包括：科技资源在任务上的分配关系 R_{r-t}、领导者对科技资源的管控关系 R_{l-r} 和领导者之间的指控关系 R_{l-l}，组织协同网络关系可以表示为：

$$Rn = (R_{r-t}, R_{l-r}, R_{l-l})$$

R_{r-t} 是组织协同基础，领导者在任务过程上的协同是通过各自所管控的科技资源在任务实施上行动的协同，没有科技资源的协同就不存在领导者在过程上的协同。R_{l-r} 建立了实施组织领导者对科技资源的管控和领导者通过科技资源在过程上的协同。R_{l-l} 确定了组织协同网络内的领导者之间的指控关系，即领导者间的直接水平协同、垂直协同以及通过第三方的间接协同。

在结构上，R_{r-t}、R_{l-r}、R_{l-l} 之间存在递进关系，R_{l-l} 通过 R_{l-r} 建立了领导者同过程或任务的关联。网络关系与任务和过程的匹配是组织协同网络最佳运行的关键，关系的适应性 Ad 是对组织协同网络关系的有效测度，关系匹配主要的测度参数包括：任务量、协同交流和实施组织间的依赖，而组织协同网络的三种关系确定了领导者的任务量、协同交流和依赖关系。由此，对网络关系的适应性测度可表示为：

$$Ad = F_3 (Rn, Tp, Ct) \qquad (5.3)$$

F_3 表示有效测度 Ad 在三个结构变量之间的关系。

5.3 基于职权链接的 MSTP 组织协同网络关系测度程序

基于组织协同网络管理模式视图，组织协同网络关系的测度是在重大科技工程任务分析基础上，在实施组织能力条件约束下，建立实施重大科技工程任务的有效过程 Tp，设计与任务和实施过程相匹配的关系 Rn，以实现重大科技工程的目标。因此，组织协同网络关系的测度程序如图 5.2 所示，包括：重大科技工程任务分析；建立组织协同网络的实施组织模型，确定组织协同网络测度的约束参数；建立实施任务的有效行动过程，即流程测度；设计与任务相适应、与行动过程相匹配的关系，即关系测度。

任务分析是确立实施组织能力和行为参数的基础，同时任务的不确定因素是行动过程测度基础，任务分析也确定了关系测度中的协同参数，实施组织模型包括实施组织能力和行为模型，是对实施组织科技资源的定量描述，实施组织模型是流程测度与关系测度的约束参数，流程测度是对完成任务有效性最大化的追求，任务流程是关系测度的基础，而关系测度是对任务流程最佳匹配 Ad 的追求。显然，当关系测度不能满足设计目标时就需要调整任务流程，以追求流程有效性与关系适应性的最佳匹配。

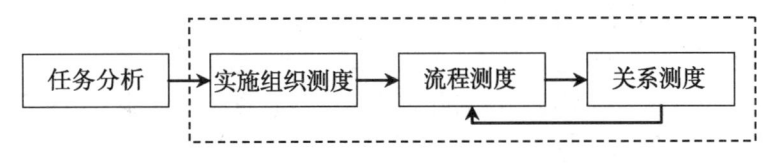

图 5.2　组织协同网络关系测度程序

（1）实施组织测度。实施组织测度是对实施组织领导者、科技资源和所承担任务单元的定量描述，以建立组织协同网络测度过程中的约束参数。实施组织分析建模是组织协同网络关系测度的基础。

1）科技资源 R（RESOURCE）。实施组织科技资源是实施组织领导者实施任务的凭借，包括进行研制的科技人员、生产设备工具等，基本属性涉及科技资源的专业类型、专业能力等。

2）任务单元 U（UNIT）。任务单元通常是由重大科技工程任务进行分解得到的子任务，任务的分解力度也决定了任务的复杂度。在本研究中，通过流程测度来确定实施组织需要实施的任务单元，任务单元的复杂性由实施组织科技资源的专业定义、专业能力来决定。

3）领导者 I（IEADER）。领导者是实施组织中的决策者，是实施过程中的指挥者。领导者对科技资源进行管理、控制和保障，对任务负责。对领导者能力和行为的描述是实施组织和组织协同网络测度的关键，其能力包括：工作负载能力（能管控多少科技资源）、任务处理能力（同时能处理多少任务）、协同交流能力、信息处理能力和决策能力等。

（2）流程测度。任务流程 Tp 也可以看作是组织协同网络完成重大科技工程目标的行动过程，任务的实施可以看作是一次行动。流程测度是面向目标的行为设计，流程的选择是多阶段决策问题，是对完成目标有效性 E_{tp} 的追求。流程测度是完成任务的行动过程选择，过程的选择受限于组织协同网络各实施组织科技资源专业能力状态的约束，同样也是对期望效果的追求。

设 Cn 为组织协同网络各实施组织科技资源专业能力约束状态，E 为行动的效果。任务流程 Tp 的产生可分为三个阶段：

1）由组织协同网络各实施组织科技资源专业能力产生基本行动 A。

2）阶段行动的有效性 E_{tp} 评估。记 k 阶段行动 A_k，则对 A_k 的评估包括行动效果评估 $E(A_k)$ 和 k 阶段组织协同网络各实施组织科技资源专业能力的约束状态 $C_n(k)$ 评估。对 $C_n(k)$ 的阶段约束称之为局部约束，通常依据各实施组织科技资源的可复用性来确定。

3）任务流程 Tp 的产生。Tp 的产生是在全局行动策略中选择最佳 E_{tp}。实施组织通过科技资源 r 所具备的专业能力 a 来实施任务 u，各实施组织科技资源专业能力的执行就是完成任务的一次行动。

任务流程是组织协同网络各实施组织科技资源专业能力约束状态 Cn 与行动效果 E 并进行演化的过程，一次完整的行动过程就构成了任务流程图 Tp，每一个子过程或子任务都需要各实施组织科技资源专业能力的执行，各实施组织科技资源专业能力的执行消耗了科技资源，从而改变了组织协同网络各实施组织科技资源专业能力约束状态 Cn。

通常，重大科技工程任务的完成会有不同的实施行动方案，把不同的实施方案定义为任务流程空间 Stp，则 Stp 由任务流程和任务流程图构成，即 $Stp = (T'_p; P_{T'})$。任务空间包含了所有可能实现工程目标的任务流程。最佳任务流程选择就是求解任务空间的一点 $P^*(P^* \in S_{tp})$，P^* 在 $C_n(k)$ 和 Cn 的约束下获得最佳 E_{tp}。基于这一描述，任务流程可测度如下：

$$P_{T'} = \underset{(T'_P, P_{T'})}{\mathrm{argmax}} E_{tp}(E, Cn)$$
$$s.t\ R(A_k) \leq C_n(k), A_k \in P_{T'}$$
$$D(P_{T'}) \leq Cn \quad (5.4)$$

式 (5.4) 中 $R(A_k)$ 表示阶段行动的科技资源专业能力需求，$R(A_k)$ 不能大于组织协同网络各实施组织科技资源的局部约束或者瞬时约束 $C_n(k)$；$D(P_{T'})$ 表示行动过程的科技资源专业能力需求，$D(P_{T'})$ 不能超过组织协同网络各实施组织科技资源专业能力 Cn。

任务流程测度的输出包括任务流程图 Tp 以及 Tp 中各结点子任务（过程）的基本属性数据。

(3) 关系测度。任务流程 (Tp) 是组织协同网络关系 Rn 测度的基础。组织协同网络关系测度确定不同组织领导者 l 之间的指控协同关系 $R_{l\text{-}l}$、同一组织内领导者对科技资源的管控关系 $R_{l\text{-}r}$ 和科技资源与任务之间的分配关系 $R_{r\text{-}t}$，即组织协同网络关系测度的输出为 Rn = ($R_{r\text{-}t}$, $R_{l\text{-}r}$, $R_{l\text{-}l}$)，输入为任务流程图、科技资源和领导者参数。

关系测度是构建与任务流程最佳匹配的实施组织之间的关联，关系与流程的最佳匹配亦即对 Ad 最大化的追求，而关系适应性的主要测度参数（协同交流、工作负载）是对三种关系 R_{r-t}、R_{l-r}、R_{l-l}各自有效性的测度，整个网络关系适应性是在三种关系之间的最佳平衡，网络关系测度如下式：

$$R'_n = \mathrm{argmax} A_d(E_1(R_{r-t}), E_2(R_{l-r}), E_3(R_{l-l}))$$
$$s.t\ C(r),\ C(l) \tag{5.5}$$

式（5.5）中 E_1、E_2、E_3 分别表示 R_{r-t}、R_{l-r}、R_{l-l}三种关系的测度性能，$C(r)$，$C(l)$表示测度过程中必须受限于科技资源和领导者的能力状态。

由于不同科技资源具备能力和属性的不同，不同的科技资源—任务关系 R_{r-t}导致不同的科技资源分配方案和运用科技资源实施任务过程的调度方案。同样，科技资源到领导者间的不同分配方案 R_{l-r}或者说科技资源到领导者的不同聚类就导致了各实施组织领导者在任务过程上的协同。领导者间的协同关系 R_{l-l}是实施组织领导者间的指控关系，R_{l-l}确定了领导者间在任务过程上的协同是属于不同层次关系上的直接垂直协同或者同一层次上的直接水平协同，或者需要通过第三方领导者协调或中转的间接协同。

R_{r-t}、R_{l-r}、R_{l-l}三种关系是组织协同网络关系在不同抽象层次的具体反映，R_{r-t}、R_{l-r}、R_{l-l}对组织协同网络关系的描述呈递进特征。组织协同网络的 R_{r-t}、R_{l-r}、R_{l-l}关系的确定是一种逐层测度并反复迭代的求解过程。

5.4 基于职权链接的 MSTP 组织协同网络关系测度内容

组织协同网络关系测度是建立领导者、科技资源和任务之间的关系,而三个递进的关系的测度决定了关系测度首先需要建立任务流程图,即实现重大科技工程目标的任务流程以及任务属性数据,在任务流程的基础上构建关系视图。任务流程图(Tp)是组织协同网络实现重大科技工程目标的任务图。任务流程图的建立是组织协同网络关系测度工作的基础,流程建立的好坏决定了组织协同网络关系测度的成败。流程图确定了组织协同网络实现目标的任务、任务之间的关联和数据流程,流程可以表示为 $T_P = (N_t, E_t)$,N_t 表示流程图的结点($t_i \in N_t$),E_t 表示流程图中任务之间链接($L_{ij} \in E_t$)。

基于对组织协同网络关系的描述和以上基本概念定义,组织协同网络关系测度问题是建立任务流程图 Tp 到网络关系 Rn 之间的映射,实现关系与流程的最佳匹配,这种匹配关系是适应性 E_{tp} 的体现,是对关系适应性最大化的追求。因此,关系测度可描述为

$$G'_n : T_P \xrightarrow{\max E_{tp}} R_n \tag{5.6}$$

式(5.6)中,G'_n 为与 T_P 最佳匹配关系。

组织协同网络关系的测度依次需要建立科技资源在任务上的分配关系、领导者对科技资源的管控关系和领导者之间的指控协同关系。

任务—科技资源关系测度是根据组织协同网络各实施组织所拥有的科技资源和所需要完成的任务单元需求约束确立科技资源到任务的最佳分配,产生实施组织运用科技资源实施任务流程的分配方案。这一关系测度主要是解决任务计划问题,称为任务结构测度。科技资源—领导者关系测度是根据领导者的各种能力和负载约束确立科技资源到领导者的聚类,是基于实施组织科技资源的分派方案产生领导者和科技资源之间的协作关系。领导者之间关系测度是根据实施组织高效运行的协同需求确立组织协同网

络内各实施组织领导者间的指控关系，是基于实施组织内领导者和科技资源之间的协同关系产生各实施组织领导者间最佳的决策层次结构。

前两种关系的测度主要解决各实施组织领导者间的指控协同关系，是组织协同网络关系的主要体现。在测度流程上，三种关系的测度是：下一种关系测度是上一种关系测度的基础，而上一种关系测度过程中为满足测度目标又要调整下一种关系测度，其测度流程如图 5.3 所示。

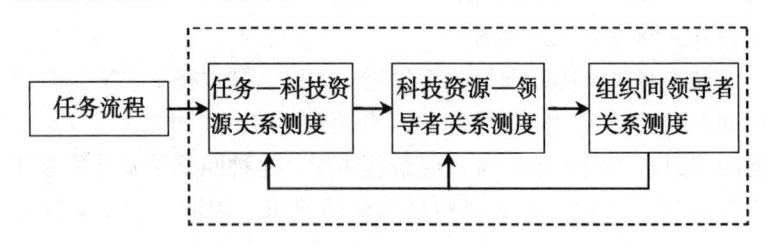

图 5.3　组织协同网络关系测度流程

三种关系 R_{r-t}、R_{l-r} 和 R_{l-l} 是组织协同网络关系在不同抽象层次上的具体反映，根据图 7.3 的测度流程，在确定的任务流程基础上，组织协同网络关系的测度是自下向上逐层构建不同层次上的关系，并根据测度目标和约束参数的满足程度进行反复迭代，直到产生满足测度目标的关系。基于组织协同网络的三种关系的描述，组织协同网络关系测度可以分解为三种关系问题的求解。科技资源在任务上分配关系是领导者对科技资源管控关系产生的基础，领导者对科技资源的管控关系是领导者之间指控关系产生的基础。三种关系问题的求解是对应的三个层次关系的测度，三种关系测度都有各自的目标和约束参数。

（1）任务—科技资源关系测度（R_{r-t}）。组织协同网络的任务—科技资源关系测度是进行任务到科技资源的分配，其分配问题的实质是根据各实施组织科技资源的专业能力和属性以及任务顺序关系和对专业资源的需求进行规划,以产生最佳的分配方案。因此,任务计划在所建立的任务流程图的基础上进行科技资源的合理配置与部署,其目标是配置合适的科技资源去实施正确的任务单元。通常,这一关系测度目标是最短时间内完成任务流程处理,运用适当的实施组织科技资源去实施适当的任务单元,在实施组织科技资源配置过程中满足所有任务的专业资源需求,在完成任务的情况下尽量减少科技资源在任务实施上不必要的协作。

因此,任务计划过程可简单地描述为:设 L 是 Tp 中从起点任务单元到终点任务单元的链接路径,TM(L)表示某一链接路径时间需求;w_{im} 为分配变量,科技资源 r_m 分配给任务 u_i 时 $w_{im}=1$,否则 $w_{im}=0$;x_{ijm} 为转移变量,运用科技资源 r_m 处理任务 u_j 后分配给任务 u_i 则 $x_{ijm}=1$,否则 $x_{ijm}=0$;b_i、h_i 为任务 u_i 的开始时间和处理时间;d_{ij} 为任务 u_i 到任务 u_j 的链接距离;v_m 为科技资源在任务 u_i 到任务 u_j 的转换速度;rc_{mk} 表示科技资源 r_m 具备的能力;r_{ik} 表示处理任务 u_i 的能力需求。由于科技资源分配方案的测度目标是在满足任务资源需求情况下使 Tp 中最长时间链接路径最小化,则

$$E_1(R_{r-t}) = \min_{L \in T_p} \max TM(L)$$

$$b_i + h_i + x_{ijm} \cdot \frac{d_{ij}}{v_m} \leq b_j \ (i,j=1,2,\ldots,n; m=1,2,\ldots,k)$$

$$\sum_{m=1}^{k} rc_{mk} \cdot w_{im} \geq r_{ik} \ (i,j=1,2,\ldots,n; k=1,2,\ldots,n)$$

(5.7)

(2)科技资源—领导者关系测度(R_{l-r})。科技资源—领导者关系测度是建立领导者对科技资源的管控关系,科技资源在任务上的交互协作导致领导者之间的协同,领导者对科技资源管控

关系的测度就确定了领导者之间的指控协同关系。组织协同网络内链接领导者的边表示两个领导者之间存在协同,而边的权重表示两个领导者之间需要进行协同的任务数量。组织协同网络内领导者之间的协同影响组织协同网络的运行效能。科技资源—领导者关系测度的目标是减小领导者之间在任务处理上的不必要的协同,提高任务的实施效率,尽量减少实施组织之间的协同工作负载。

因此,科技资源—领导者关系测度过程可简单地描述为:设 MC_{ni} 表示在实施组织内部领导者 l_n 对科技资源 r_i 的管控关系;AC_{nji} 表示在实施组织外部领导者 l_n 与 l_j 通过任务 u_i 的职权链接关系;$E_2(R_{l-r})$ 是领导者的最大协同量最小化,即实施组织内部领导者对科技资源的管控协同量 $\sum_{i=1}^{k} MC_{ni}$ 与通过任务链接的实施组织外部领导者之间的指控协作量 $\sum_{j=1}^{d}\sum_{i=1}^{d} AC_{nji}$ 的加权和最小;β_1、β_2 分别为实施组织内部管控协作与实施组织外部指控协同的权值,则

$$E_2(R_{l-r}) = \text{minmax}\beta_1 \cdot \sum_{i=1}^{k} MC_{ni} + \beta_2 \cdot \sum_{j=1}^{d}\sum_{i=1}^{d} AC_{nji}$$
$$(i,j,n = 1,2,\ldots,d, i \neq j) \qquad (5.8)$$

(3) 领导者间关系测度 (R_{l-l})。组织协同网络内各实施组织领导者之间关系测度是构建组织协同网络内领导者之间的指控(层次结构)关系,这种层次结构关系是组织协同网络职权链接关系的体现。这一关系测度主要解决问题是减少组织协同网络内领导者之间交流的延迟,减少并平衡组织协同网络内领导者的协同负载。

由于领导者所管控的科技资源在任务上复杂的交互协作导致了领导者之间指控协同的形成,科技资源在任务上的交互协作是

领导者之间指控协同关系产生的基础。而领导者之间的层次等级关系确立了组织协同网络内各实施组织基于职权的协同关系。其实这种基于职权的实施组织协同关系不仅包括领导者之间的直接垂直协同，还包括间接垂直协同以及直接水平协同关系等。因此，组织协同网络领导者之间关系测度过程可简单描述如下：

$$E_3(R_n) = min \sum_{i=1}^{d} L(l_s, l_i) \ (i = 1,2,\ldots,d) \quad (5.9)$$

式中，$L(l_s, l_i)$ 为组织协同网络内最顶层实施组织领导者 l_s 与其他实施组织领导者 l_i 之间的链接。式（5.9）以每一个实施组织领导者到最顶层实施组织领导者的链接数量来测度领导者间的协同量，并以最小化协同量为测度目标。协同量的最小化不但要求减少组织协同网络结构的层次，使结构趋于扁平，还力求减少领导者之间的间接垂直协同和直接水平协同关系，以有利于实施重大科技工程。

5.5 基于职权链接的 MSTP 组织协同网络管理模式的运行

5.5.1 组织协同网络管理模式运行特征

1. 资源的独占性

在正常情况下，职权来自于正式职位，是合法的，它体现在人们所熟知的上下级关系中，拥有职权的领导者有权力分配下属任务，进行决策与规划，确定其工作内容及进度，下达指令指挥管理，有权聘任或解聘下属，有权给予下属一定的奖惩。基于职权链接的重大科技工程组织协同网络管理模式中，以职权管理为核心内容，上一级组织的领导者可以将下一级组织的领导者作为一种独有资源而完全占有，并且这种占有具有排他性和等级性。排他性是指下一级的组织领导者被上一级的组织领导者独自占有，但一个下一级的组织领导者不能同时被两个上一级组织的领导者共同占有（符合统一指挥原则）。等级性是指重大科技工程组织协同网络是分等级的，有上层的组织领导者，中层的组织领导者和最底层的组织领导者。在管理中上一级组织的领导者对下一级组织的领导者拥有完全的指挥权，下一级组织领导者应对上一级组织领导者进行业务工作汇报。

2. 网络的封闭性

在基于职权链接的重大科技工程组织协同网络管理模式中，每一级组织都有明确的任务分工和相互协同关系，这些组织形成一个连续封闭的严密回路，首尾相接，环环相扣，使之形成一个连续回路运转系统。这具体包括管理组织的封闭、管理职能的封闭、管理制度的封闭和管理过程的封闭。在封闭的重大科技工程组织协同网络中，各组织任务分工非常明确，职责非常清晰，组织管理工作比较稳定，在组织相互间的协同关系整体固定下，只需要完成组织协同网络总体或上一级组织分配的任务就行了，不需要考虑所处环境的变化和影响，各级组织的领导者往往只关注本组织的工作情况，往往为了本组织的利益而与其他组织产生冲突。

3. 行政的强制性

在基于职权链接的重大科技工程组织协同网络管理模式中，强调权力的高度集中和统一，集权的成分比较大，而且大量使用行政方法。行政方法具有明显的强制性特征，即上一级组织的领导者下达指令后，不管指令正确与否，下一级组织的领导者都应该无条件地绝对服从。强制性在保证政令统一和执行力度方面，有其优势，但这种管理方式也会产生明显的等级差别，不利于调动下一级组织的积极性。权力的高度集中，会造成信息传递层次多，路径长而失真，影响到决策的质量和效率。权力的过于集中还会造成上一级组织领导者的权力欲高度膨胀，而影响到与下一级组织的领导者的沟通和交流。

4. 管理的制度化

制度化管理是组织管理的一项重要的基础工作，也是基于职权链接的重大科技工程组织协同网络管理模式的重要特征。制度具有规范性、严谨性和稳定性等特点，在保证组织管理工作有序性方面可以起到有效作用。基于职权链接的重大科技工程组织协同网络需要利用一套严明的纪律和完善的制度体系来进行维护。但是，在进入21世纪知识经济时代信息社会后，信息更新的速度越来越快，技术创新的速度也越来越快，重大科技工程的任务也随着科技前沿的变化而不断调整，组织协同网络也要相应地不断调整，实体组织也要不断变革和创新。因此，制度是重大科技工程组织协同网络的基础和重要前提，但如果处理不好，也可能成为重大科技工程组织协同网络的障碍，会导致重大科技工程组织协同网络的僵化，其结果是维护了制度而牺牲了机会，最终影响到重大科技工程目标的实现。

5.5.2 组织协同网络管理模式运行适用性

基于职权链接的重大科技工程组织协同网络是计划经济条件下或特定目标指向下重大科技工程组织管理常常采用的一种集权程度很高的模式，从其运行优劣势可以看出它比较适用于什么类型的项目。

1. 基于职权链接的重大科技工程组织协同网络的运行优势

（1）职权运作模式固定。传统组织管理都是以权力为驱动力和以职权为链接的，大部分决策权是由各级领导者控制并组织实施的，决策权和指挥权的使用已经成为固定模式，并积累了大量的成功经验，领导者对职权的运用已经达到非常熟练的程度。以职权为链接对重大科技工程组织协同网络管理中一些复杂问题的解决是非常有益的，一旦失去这些职权，领导者有可能失去了对重大科技工程组织协同网络的控制。

（2）宏观控制力强。通过集权可以保证领导者能够从全局出发，综合考虑，统筹兼顾，有利于统一使用和协调各组织的力量，创造比较明显的工作绩效，保证组织的协同。集中权力制定各项政策，使整个组织协同网络统一认识，统一行动，统一处理内外的各种问题，防止政出多门，互相矛盾，可以保证决策执行的效率。

2. 基于职权链接的重大科技工程组织协同网络的运行劣势

（1）降低实体组织的主动性。在基于职权链接的重大科技工程组织协同网络管理模式中，组织严密，职位权力等级明确，大部分决策均由上一级组织领导者制定，下一级组织主要任务在于被动地、机械地执行命令。长期下去，下一级组织的积极性、主动性、创造性会逐渐丧失，组织绩效下降，从而使组织的发展失去基础。同时，下一级组织领导者必须绝对地服从上一级组织领导者的指令，这是组织规定的纪律，这也体现了法律的"统一指挥"组织管理原则，但是可能会造成基层组织领导者有职无权，无法正常独立地开展工作，导致基层组织领导者抵触情绪的加剧，最终影响到基层组织的积极性和效率。

（2）降低组织适应能力和活力。重大科技工程组织协同网络是一个开放的社会技术系统，它与社会环境有着密切的联系，随着社会环境的变化和实体组织的发展，这种联系变得更为频繁，更加复杂。处在动态环境中的重大科技工程组织协同网络必须根据环境中各种因素的变化不断进行调整，这种调整可能是全局性的,也可能是局部性的。在基于职权链接的重大科技工程组织协同网络管理模式中,由于各级组织的主观能动性没有调动起来,只靠高层组织进行促进,其力量是有限的,反应是迟缓的,不能保证其实施的效果,而且会造成在重大科技工程组织协同网络中实体组织的活力减弱,甚至丧失。同时,上下级各组织之间的纵向协同加强了,但是各组织横向之间的协同减弱了,可能影响到横向各组织之间的协作配合,影响到重大科技工程组织协同网络的整体协同。

由以上运行优劣势可以看出,基于职权链接的重大科技工程组织协同网络管理模式在保证总体控制方面有其独特的优势,但这种管理模式也会带来网络中实体组织的僵化,缺乏活力,不能形成一个敏捷的快速反应系统,不利于充分调动各级组织的积极性等问题,这是影响实体组织竞争力增强和健康发展的最关键的制约因素。因此,基于职权链接的重大科技工程组织协同网络管理模式比较适用于特定条件下的不确定性高、所用技术新、复杂程度高、持续时间长、重要性高、对内外部依赖性强、时间限制性强的重大科技工程。由于它也有一定的缺陷,若要保证组织协同网络整体效率和实体组织活力,在强化激励措施的同时,还需要结合经济环境转变重大科技工程组织协同网络的动因和链接方式,即由以职权为动因和链接转化为以契约为动因和链接。

5.6 本章小结

本章立足于我国社会主义集中力量办大事的政治职权特色优势,提出基于权力动因和职权链接关系的重大科技工程组织协同网络管理模式。首先,分析了管理模式中的指挥与被指挥、决策与被决策、奖惩与被奖惩的职权协同关系和模式形成特点。其次，运用计算组织理论建立基于职权链接的重大科技工程组织协同网络管理模式中实施组织、网络关系、实施过程和任务环境的抽象概念视图描述，并给出组织协同网络关系的测度程序，包括重大科技工程任务分析、建立组织协同网络的实施组织模型、确定组织协同网络关系测度的约束参数、建立实施任务的有效行动过程、设计与任务和行动过程相匹配的关系模型。以此为基础，考虑实施组织由领导者（决策者）和科技资源（科研人员、设备、经费等）等构成，依次建立科技资源在任务上的分配关系、领导者对科技资源的管控关系和领导者之间的指控协同关系，完成对组织协同网络关系的测度。最后，给出基于职权链接的重大科技工程组织协同网络管理模式运行特征和适用性。

第6章 基于契约链接的 MSTP 组织协同网络管理模式研究

当前我国处于半计划半市场的转轨经济形态，以经济建设为中心，必须充分发挥市场机制有效配置资源的竞争性作用，利用法律契约方式约束竞争主体的市场行为。因此，以利润最大化为目标的市场竞争主体之间更多地体现为契约关系。基于系统工程、项目管理知识体系和重大科技工程组织协同网络模型，本章提出基于市场利益动因和契约链接关系的重大科技工程（MSTP）组织协同网络管理模式，即政府引导型管理模式，并分析其中的的契约协同关系和模式形成过程。然后，针对企业实施主体，在任务协同、投入协同、产品协同及价格协同的基础上，重点围绕科技协同创新，运用博弈理论分析基于契约链接的重大科技工程组织协同网络中协同博弈机制关系，最后给出基于契约链接的重大科技工程组织协同网络管理模式运行特征和适用性，以期对市场经济环境中重大科技工程的组织实施具有指导意义。

6.1 基于契约链接的 MSTP 组织协同网络管理模式形成分析

6.1.1 组织协同网络的契约协同关系

契约，又称为合同，是平等主体的自然人、法人或其他组织之间设立、变更、终止民事权利义务关系的协议，是双方（或多方）当事人的法律行为，契约双方（或多方）的法律地位平等。在基于契约链接的重大科技工程组织协同网络管理模式中，集中型的核心组织和外围组织之间、适应型和分散型的上下层实体组织之间（本节统称为上下层实体组织之间）是基于利益的协同关系，用法定的契约链接起来，这种利益是针对重大科技工程的组织实施而由政府根据经济形态设置的调控杠杆，同层组织之间是相互交流学习和配合的关系，也就最终决定了基于契约链接的重大科技工程组织协同网络中的上下层实体组织之间是利益相关者的契约协同关系，这种关系是一种平等关系，也是一种双方能够共谋福利的关系，使得由上对下的监督转变为自我监督，从而避免双方信息不对称的难题。实现项目组织利益相关者之间协同关系的手段是能够做到双赢的以双方利益为主要目的的契约，这种契约关系可以是人们常见的合同契约，当然也可以是一种双方协定，由此决定了基于契约链接的重大科技工程组织协同网络中上下层实体组织之间的关系主要表现在以下三个方面：

1. 投资者和成果提供者的关系

重大科技工程组织协同网络中上一层组织与下一层组织之间

的关系反映为投资者与成果提供者的关系,即上一层组织向下一层组织投资,下一层组织向上一层组织提供产品。从契约关系来看,上一层组织是投资者,是业主的代表,而下一层组织则是承担下一级子系统工程任务的代表。在基于契约链接的重大科技工程组织协同网络中,上下级子系统任务是围绕重大科技工程的目标而设立的,具有很强的独立性,上下层实体组织可以通过签订合同,明确双方的权力、责任和义务,调动下一层组织的积极性,使之出色地完成子系统工程项目任务。

2. 资源使用者和资源供应者的关系

重大科技工程组织协同网络中上下层组织之间的关系也反映为使用者与供应者之间的关系。重大科技工程组织协同网络最大的特点是通过各个实体组织完成工程项目任务,而不再像传统方式中主要通过组合一个或几个企业各部门的职能或项目团队来完成工程项目任务。使用基于契约链接的重大科技工程组织协同网络,最大的变革除了变权力关系为契约关系外,还要改变过去通过部门职能完成任务为通过各实体组织完成任务,上一层组织向下一层组织提供标准、规范和方法等,下一层组织向上一层组织提供专业资源(产品、技术、设备等)。

3. 投资者和资源育成者的关系

重大科技工程组织协同网络中第一层总体组织与其下各层组织之间的关系主要反映为投资者与资源育成者的关系,即第一层总体组织对其下各层组织的发展负责,其下各层组织通过培育足够的专业资源向第一层总体组织服务。契约式组织协同关系将总体组织下各层实体组织转变成专业资源育成和提供部门,通过明确分工,充分发挥各层实体组织的专业优势,避免组织协同网络中各层实体组织之间的冲突。

随着我国经济体制由计划经济向市场经济转型,资源配置方式由国家计划为主向市场需求调控为主转变,我国生产、流通、分配与消费之间转变为靠自主的市场主体间的合同联结，我国重大科技工程实施涉及了一些新的基于契约的社会关系，工程活动的运行条件与发展环境也相应发生了变化，如完全的行政计划指令关系开始弱化，市场经济的合同关系相继产生；除了国家有关政府部门之外，我国参与重大科技工程的机构中出现了自主的市场主体，形成自组织；我国参与重大科技工程的政府机构与市场主体之间，以及参与重大科技工程的各市场主体之间都产生了不同形式的合同关系（前者如纵向指令性计划下的合同关系，后者如横向的技术合同、经济合同关系）；我国重大科技工程实施的利益指向也从国家利益需求向社会利益需求推进、扩展；我国重大科技工程实施市场化的进程在推进等。在市场经济体制下，过去国家主要依靠行政行为、行政手段对重大科技工程进行组织与管理的模式已不能适应新形势，保证重大科技工程正常实施的管理模式亟待创新。

6.1.2 组织协同网络管理模式的形成

基于契约链接的重大科技工程组织协同网络管理模式也有着特定的形成轨迹。由于重大科技工程具有临时性和一次性的特点，且与一般工程项目相比规模大、周期长。因此，在基于契约链接的重大科技工程组织协同网络的构建中，首先由政府相关部门或者成立一个实施组织专门总体负责，或者通过招投标方式让一个现有的实施组织牵头组织实施。由最顶层组织（一般为企业、企业型研究院所，也可以为代理企业职能的政府相关部门）确立总目标和总任务，再逐层分解成多层目标和任务体系。然后，最顶层实施组织通过招投标方式落实目标和任务到下一层实施组织或者多层现有组织，上下层组织之间通过契约关系加以确定。最后，在市场利益的无形调控下，通过上一层实施组织招投标逐层遴选下一层专业实施组织，形成了多层体系的重大科技工程组织协同网络。目前，美国很多重大科技工程组织管理模式，如民用、军用大飞机工程组织管理模式，就是基于契约链接的重大科技工程组织协同网络管理模式，往往基于市场利益驱动而形成。基于利益驱动的契约协同链接，符合市场经济条件下实施组织的长期目标，满足实施组织的市场利益需求，并且将以权力为手段的行政管理转变为以契约为方式的法律约束，有利于调动重大科技工程组织协同网络中各层实施组织承担任务的积极性，提高工作效率。

围绕着重大科技工程的组织实施，基于契约链接的重大科技工程组织协同网络管理模式改变基于职权动因管理模式的依靠权力、通过职位设置和人员安排界定组织间上下协同关系的做法，而是依靠市场利益调控、通过法定契约确定组织间协同关系和维系整个组织协同网络，不再是由上一级组织自上而下单方推动重大科技工程的任务落实，而是由上下层组织互动平等协商推进重大科技工程的任务实施，这还有效增进了上下层组织间的信息对称性，改变基于职权动因管理模式中因上一级组织可能对下一级组织具体实际情况不十分了解而导致下达的任务内容和要求可能不能反映当事人双方权益的状况。无论是集中型、适应型，还是分散型，尽管都有着层次分明的组织协同网络结构，但不再是一种权力等级分明的组织协同网络结构，而是通过契约规定着各层组织的责、权、利，保障重大科技工程的组织实施。

在基于契约链接的重大科技工程组织协同网络中，契约是合同双方当事人对同一标的表示意见一致的结果，合同双方也正是通过商定的契约来规范约束彼此的行为，因此契约的制定显得非常关键。在契约制定过程中，契约的成立并不是只经要约和承诺这一个简单的过程，而是要在双方之间经过往返多次的相互讨价还价，最终达成一致意见。经过讨论，才能使契约内容更实际、更准确、更能反映各层组织的实际，从而有利于合同的履行。一旦契约签定后，每一层实施组织就要按照契约规定，进行科技攻关、相关中间品或产品研制生产，各层组织之间流动着目标流、任务流、技术流、人员流、资金流、物资流、信息流等。如果实施组织不能有效履行契约规定，则将受到契约相关法规的制裁，这就要求各层组织一切均要按照完善的市场规则和法定规范来完成重大科技工程相应任务。

6.2 基于契约链接的 MSTP 组织协同网络协同博弈机制式表述

从市场利益博弈的视角分析，基于契约链接的重大科技工程组织协同网络是围绕重大科技工程由利益相关者之间相互作用而形成的价值创造、分配、转移和使用的关系及其结构。组织协同网络中的行为主体是企业[1]，涉及科研院所、大学、科技中介等。组织协同网络中的行动包括网络中行为主体内部、行为主体之间以及网络与外部的技术、知识、信息、资源、要素等的交流、传递、互动等。组织协同网络行动的目标是网络上节点性质相同的经济主体（同层企业、下层企业、上层企业）进行任务协同、投入协同、产品协同、价格协同，尤其是科技协同创新，研制新产品、提供新服务，最终完成重大科技工程任务。本研究聚焦于企业实施主体和科技协同创新。

基于契约链接的重大科技工程组织协同网络的协同博弈机制研究是在分析组织协同网络实体博弈性质的基础上，比较组织中

---

[1] 科技部. 国家中长期科学与技术发展规划纲要（2006—2020）[EB/OL]. [2010—10—16] http://www.most.gov.cn.

的决策主体参与组织协同网络和不参与组织协同网络的收益来说明企业与其他企业协同形成组织协同网络的战略优势和实施网络联盟决策以及这种决策的均衡问题。

(1) 组织协同网络的博弈要素。

1) 组织协同网络博弈参与人的集合

$i \in \varGamma, \varGamma = 1, 2, \ldots, n$,是网络中有关联的智能主体(如同层企业、下层企业、上层企业以及研究院所、大学、科技中介等),他们构成博弈的参与人。

2) 组织协同网络博弈参与人的战略空间

博弈者的战略空间是组织协同网络中各智能主体的策略集合 $S_i, i = 1, 2, \ldots, n$,其中 $S_1 = \{\alpha_1, \ldots, \alpha_m\}$,$S_2 = \{\beta_1, \ldots, \beta_j\}$,$\ldots, S_n = \{\theta_1, \ldots, \theta_z\}$ 分别是网络上各智能主体的策略集合。

3) 组织协同网络博弈参与人的支付函数

博弈者的支付空间是组织协同网络中各智能主体的支付函数的集合,$u_i = (s_1, \ldots, s_n), i = 1, \ldots, n$,是智能主体 i 的支付函数,表示智能主体在博弈过程中获得的收益。

(2) 组织协同网络的博弈性质。

1) 组织协同网络实体间博弈存在的必然性

在基于契约链接的重大科技工程中,企业之间的决策和行动是相互影响的,一个企业技术研发的进展会对其他企业决策产生影响。因此,一个企业在决策时必须考虑对方的反应,这就是博弈问题。组织协同网络中主体间的相互作用使得任何一个主体决策都要考虑到其他主体的决策和自身决策对其他主体造成的反应。

2) 组织协同网络主体博弈的特点

主体博弈的动态性。组织协同网络中的行为主体在决策和行动时不是同时决策,即网络中主体的决策和行动存在时序性。博弈中的每个人决策时会根据前者的选择调整自身的策略,前者会理性地预期到这一点，不可能不考虑自己的选择对对手选择的影响。这样描述更加接近现实，彼此间相互影响已成为不能忽视的事实。因此，组织协同网络主体博弈表现出动态性。

博弈的非合作性。博弈有合作与非合作之分，它们的区别主要在于参与人行为发生作用时，当事人能否达成具有约束力的协议，如果有，则是合作博弈；如果没有，则是非合作博弈。组织协同网络中主体相互结网合作是局部性、阶段性的目标。因此，网络合作达成的章程、协议不对参与人行为构成强制性的约束，就是说没有哪一个主体能够强制其他主体遵守章程和协议。每一个企业选择的都是"个体理性"战略或"个体最优"决策。因此，组织协同网络博弈呈现出非合作性质。

博弈的完全信息性。合作发生在组织协同网络中的上下层企业之间、同层企业之间。双方可就合作问题进行反复多次的交流，以获取对方的特征、战略空间及支付函数。这是对现实情况的近似，也是网络构造特有的优势。因此，组织协同网络博弈具有完全信息性。

博弈的重复性。同样结构的博弈可以重复多次，其中每一次博弈都称为"阶段博弈"。阶段博弈之间没有物质上的联系，即前一个阶段博弈不改变后一个阶段博弈结果。所有参与人都可以观测到博弈过去的历史，参与人的总支付是所有阶段博弈支付的贴现值之和或加权平均值[1]。组织协同网络中主体之间合作一次就产生一次博弈，只要网络协同关系不破裂，就会进行多次的博弈。双方的博弈行为不会改变博弈结构，各方都可以获知对方过去的行为，双方的总支付是各自所有阶段博弈支付的总贴现值或加权平均值。因此，组织协同网络博弈是重复博弈。

---

[1] 侯光明，李存金. 管理博弈论 [M]. 北京：北京理工大学出版社，2004.

(3) 组织协同网络主体博弈的条件。

1) 网络中的主体强调个人理性，即在给定约束条件下追求自身效用最大化，而不是追求组织协同网络整体的效用最大化。

2) 网络中每个行为主体追求纳什均衡，即每一个行为主体的策略是对其他参与人策略的最优反应。

6.3 基于契约链接的 MSTP 组织协同网络科技协同创新机制分析

基于契约链接的重大科技工程组织协同网络科技协同创新机制分析就是研究承担重大科技工程同质子系统（产品）研制任务的同层同类竞争企业之间的科技协同创新博弈关系。最早采用博弈模型对科技协同创新行为进行均衡分析的是 D'Aspermont，他建立的两阶段双寡头博弈模型为后来学者的研究奠定了基础。基于此，采用两阶段模型分析研发协同体的有 Suzumura、Beath、Bondt、Kamien 等人。Nieholas、Katsoulaeos、Kultti、Kamien、Atallah 则引入新的变量，提出了不同的三阶段博弈模型[①]。

本研究依然在前人的基础上，采用三阶段博弈分析方法，考虑一个库诺特（Cournot）寡头竞争模式下的情况，分析研制重大科技工程同质子系统（产品）的企业间的协同程度对科技创新投入水平和产品市场的影响。第一阶段是研发协同体的形成阶段，企业通过选择不同的技术路径（通用技术和专用技术）确定最优的吸收能力，使得利润函数最大化；第二阶段是科技创新的投入水平决策，企业分别选择科技创新的成果，这对应于企业

---

① AMIR R. Modelling imperfectly appropriable R&D via spillovers [J]. International Journal of Industrial Organization, 2000 (18): 1013-1032.

的研发投资水平;第三阶段,分析当产品市场是库诺特竞争模式下,两企业在产品市场进行产量的选择。为计算方便,采用逆向归纳法来求解子博弈精炼纳什均衡。

(1)建立模型。假定有两个企业进行工程同质子系统(产品)的研制生产,用 $i = \{1, 2\}$ 表示,分别用 q^i 和 p^i 表示第 i 个企业生产的产量及其实现价格,设企业 i 产品需求反函数呈对称的线性形式,即

$$p_i = \alpha - q_i - \beta q_j \quad (i=1,2, j=1,2, i \neq j) \quad (6.1)$$

用 α 表示需求函数的截距,用 $\beta \in [0, 1]$ 表示产品的替代系数,设 $\beta = 1$ 意味着两个企业生产的产品可以完全替代,而 $\beta = 0$ 则表示每一个企业都是垄断生产者。假设产品研制生产的固定成本为零,也就是说如果生产量为 q^i,那么总成本为 $C(q^i) = cq^i$,c 为单位生产成本。为了保证研制生产的盈利性,设 $\alpha > c$。

在生产技术和研发生产函数方面,设生产条件由 c^i 决定。企业通过开展科技创新可以减少边际费用,则定义 r^i 为自主创新加上从其他企业吸纳的科技创新,即有效的创新水平。假定企业单位成本函数为

$$c_i = c - f(r_i) \quad (6.2)$$

其中,$f(r_i)$ 表示过程创新中的科技创新生产函数,即科技创新单位成本降低额。式(6.2)表示通过货币测量的单位生产成本,需要满足以下条件:

$$f(0) = 0, f(r_i) < c, f'(r_i) > 0, f''(r_i) < 0,$$
$$\lim_{R_i \to \infty} f'(r_i) \to 0, f'(r_i) + f''(r_i) < 0$$

这些假定保证了在企业自身没有科技创新投入的条件下不能获得过程创新,生产成本为正,科技创新生产函数是递增的,以

有效创新为横轴的曲线是凹形的,并且当有效创新接近无限大时,科技创新边际生产力为零,科技创新成本比科技创新成果表现出更加陡峭的增加,这样就避免了企业无限制地投入科技创新。

企业 i 的有效创新 r_i 依靠于企业的自主创新 x_i 和从其它企业吸纳的创新溢出,企业的有效和自主创新可以通过货币单位来测量,假定有效创新为

$$r_i = x_i + (1-\varphi)\gamma x_i^{\varphi} x_j^{1-\varphi} \quad (i,j=1,2,i \neq j) \quad (6.3)$$

其中,γ 表示科技创新溢出参数,$\gamma \in [0,1]$,$\gamma=0$ 表示如果企业根本就没有投入科技创新,那么就不能从同层另一个企业获得创新溢出,γ 可以用来解释专利保护程度[①]。φ 表示企业科技创新路径,当 $\varphi=0$ 时,企业是同层另一个企业科技创新投入的接受者,同时也是贡献者,即两企业科技创新完全共享,此时企业 i 的有效创新函数可以简化为有效创新的标准形式。对于完全信息共享市场($\varphi=0$),有

$$r_i = x_i + \gamma x_j \quad (6.4)$$

当 $\varphi=1$ 时,有效创新就等同于自主创新,企业既不能使同层另一个企业的科技创新内部化,也不能对同层另一个企业的有效创新做贡献,即两企业不能共享科技创新。当 φ 处于 0 和 1 之间时,有效创新 r_i 和 x_i 的自由度都为 1。

(2) 给定科技创新费用的产品市场竞争分析。设计基于契约的重大科技工程组织协同网络要考虑到实现网络中企业的"多赢",当企业从科技协同创新中获得的效益最优时,企业才会有动机去开展协同。在科技协同创新的第三阶段,企业在给定的科技创新费用情况下选择最优的产出水平。在这里,排除两个

[①] 科技部. 国家科技重大专项知识产权管理暂行规定 [EB/OL]. [2010—10—16] www.most.gov.cn.

企业间有关产出水平共谋协议的可能性。企业最大化其利益 π，并且独立地选择最优化产出水平 q_i，每一个企业的最优选择问题是：

$$\max \pi_i = (p_i - c_i)q_i - x_i \qquad (6.5)$$

最优化的一阶条件意味着分别对式（6.5）中的 q_i 和 q_j 求偏导，并令其等于零，即：

$$\frac{\partial \pi_i}{\partial q_i} = 0$$

$$\frac{\partial \pi_j}{\partial q_j} = 0 \qquad (6.6)$$

可以得到：

$$q_i^* = \frac{a - c}{2 + \beta} + \frac{2f(r_i) - \beta f(r_j)}{4 - \beta^2} \qquad (6.7)$$

这表明替代程度的增加将导致均衡产量的减少。也就是说，在投入一定的情况下，产品的替代系数越大，最优化产出水平就会越低；产品的替代系数越小，最优化产出水平就会越高。

（3）科技创新水平的确定。企业 i 的销售净利润为：

$$\eta_i = q_i(a - q_i - \beta q_j - c_i) \quad (i = 1,2, j = 1,2, i \neq j)$$
$$(6.8)$$

博弈第二阶段的均衡为求解最大化问题：

$$\max \eta_i = q_i(a - q_i - \beta q_j - c_i)$$

假定 $q_i, q_j \geq 0$，则最优化的一阶条件意味着分别对式（6.8）中的 q_i 和 q_j 求偏导，并令其等于零，即：

$$\frac{\partial \eta_i}{\partial q_i} = a - 2q_i - \beta q_j - c_i = 0$$

$$\frac{\partial \eta_i}{\partial q_j} = a - 2q_j - \beta q_i - c_j = 0$$

求解联立方程组，可得：

$$q_i = \frac{a}{2+\beta} - \frac{2c_i - \beta c_j}{4-\beta^2}$$

将 $c_i = c - f(r_i)$ 代入上式,得到:

$$q_i = \frac{a-c}{2+\beta} + \frac{2f(r_i) - \beta f(r_j)}{4-\beta^2} \tag{6.9}$$

将式 (6.9) 代入 (6.8) 式,得

$$\eta_i = q_i^2$$

在这个阶段,企业选择最优的科技创新投入水平以实现利润最大化。如果企业在第一阶段决定不进行创新协同,则企业 i 的利润函数为

$$\max \pi_i(x_i) = q_i^2 - x_i$$

在对称均衡里,最优化科技创新投入服从一阶条件,得到:

$$\frac{2q_i}{4-\beta^2} \times [2f'(r_i) - \gamma\beta f'(r_j)] - 1 = 0$$

r_i 表示在竞争情况下利润最大化的有效创新投入,$\gamma\beta f'(r_j)$ 体现了企业科技创新负的外部性,即企业科技创新成果的溢出使其竞争对手也降低了研制生产成本,竞争优势发生了明显变化,因此给该企业的利润造成负面影响,这称为竞争优势外部性。显然,当 $\beta = 0$ 时,每一个企业在产品市场上都是唯一供应者,不直接参与竞争,这种外部性则为零。

如果企业在第一阶段决定开展科技协同创新,那么它们就会通过最大化协同利润来超过科技创新投入。在科技协同创新条件下,假设信息是共享的 ($\gamma = 1$),最优选择问题是:

$$\max \pi_i^* = (q_i^*)^2 - x_i + (q_j^*)^2 - x_j$$

在对称均衡里,最优化科技创新投入服从一阶条件,得到:

$$\frac{2[a - c + f(r_i)]}{(2+\beta)^2} \times f'(r_i) - 1 = 0$$

r_i 表示协同利润最大化的有效创新投入。

(4) 科技协同创新分析。通过比较企业协同与不协同两种情况下的利润水平可以明显地看出企业开展科技协同创新的动机,形成下列条件:

$$\pi_i^* - \pi_i = (q_i^*)^2 - x_i^* - q_i^2 + x_i > 0 \qquad (6.10)$$

当条件式(6.10)成立时,利润函数对 r_i 是凹形的,科技协同创新的动机随着利润差额的增长而增加。如果 $\gamma > f'(r^*)$,科技协同创新动机随着创新溢出参数 γ 的增加而增加,γ 表示科技创新投入对溢出变化的弹性。科技创新生产力的增长也会形成开展科技协同创新的动机。如果科技创新共享、市场需求和产品替代性发生变化所带来的直接影响大于通过科技创新投入所带来的间接影响,则科技创新共享的增加、产品替代性的增加、市场需求的增加导致科技协同创新动机的增加。

(5) 模型总结。通过比较科技创新费用和科技创新收益的大小来确定企业是否要开展科技协同创新。针对两个企业参与竞争,当协同收益大于竞争收益时,企业会选择科技协同创新,否则企业就会自主创新。在模型中,建立了更加复杂的市场需求函数与科技创新收益函数,并考虑到两个企业参加科技创新博弈,排除了企业间合谋的情况。

通过模型分析可知,科技创新生产力的增长、企业科技创新共享的增加、市场需求的增加对科技协同创新产生有着积极的促进作用,如果科技创新溢出足够大,在科技协同创新中的科技创新投入比科技创新竞争中要大;如果科技创新共享度高,在科技创新竞争模式下企业科技创新共享的增加会导致科技创新投入的增加。

从产品市场竞争、最优化科技创新投入和科技协同创新的博弈模型中可以看出,企业从其他企业的科技创新投入中吸收创新的程度主要取决于企业自主创新费用,企业没有投入科技创新就不能从竞争对手处获得创新溢出。如果科技创新完全共享、市场需求和产品替代性发生变化所带来的直接影响大于由科技创新投入所带来的间接影响，则科技创新共享的增加、产品替代性的增加、市场需求的增加导致科技协同创新动机的增加。

6.4 基于契约链接的 MSTP 组织协同网络研制分工协同机制分析

基于契约链接的重大科技工程组织协同网络研制分工协同机制分析就是研究承担上下级子系统（产品）研制任务的上下层企业之间的协同博弈关系。在前人研究基础上[①]，针对组织协同网络中的垂直协同创新问题，在考虑创新投入补贴的情况下，分析上层企业作为领导者的斯坦克尔伯格（Stackelberg）非合作模型和双方合作的协同创新模型，并利用纳什（Nash）讨价还价理论和效用模型得出均衡结果。

（1）模型建立。基于契约链接的重大科技工程组织协同网络是由多家上下层企业组成的，假设一家上层企业和多家下层企业在对某个子系统（产品）的研发过程中进行协同创新，协同创新的重点是解决子系统（产品）中存在的关键技术问题，上层企业负责子系统（产品）（简称为产品）的总体开发设计和装配，多家下层企业负责下一级子系统（产品或零配件）（简称为配件）的开发，总的开发费用由产品的总体开发费用和配件开发费用两部分组成，总体开发费用的支出对配件开发产生正的影响。

---

① Alshawi S, Irani Z. Data warehousing in decision support for pharmaceutical R&D supply chain [J]. International Journal of Information Management, 2003, 3 (23): 259-269.

由于工程产品研发面临很大的风险，同时需要下层企业的积极配合，因此，上层企业通过分担配件开发的部分费用，即提出投入补贴，来吸引下层企业加盟，进行协同创新。为了便于分析，假设不同的下层企业是相互独立的，即它们之间不存在竞争关系。配件都具有专用性，即下一级子系统（产品或零配件）只适用于上层企业设计研制的新产品。因此，通过研究一个上层企业与一个下层企业的协同关系模型可以反映多个上下层企业之间的关系。

假设不考虑市场上的竞争对手，该产品的市场需求可以看作是上层企业和下层企业研发投入的函数，此时，该产品的需求 q 主要受产品总体开发费用 c_1 和配件开发费用 c_2 的影响，随着这两项费用的提高而提高，因此给定产品的需求函数：

$$q(c_1,c_2) = \beta c_1^a c_2^b \quad (\beta > 0, a > 0, b > 0) \quad (6.11)$$

其中，β、a、b 都是大于0的常数，a、b 分别为总体开发费用和配件开发费用对产品市场需求的影响因子，假设产品市场需求量的增加关于 c_1 和 c_2 规模报酬递减，则 $a+b<1$。

进入营销阶段，假设每销售一个单位产品，上层企业和下层企业获得的边际收益分别为 r_1 和 r_2，则它们的利润函数应该是边际收益与产品的市场需求量 $q(c_1,c_2)$ 的乘积，再减去各自的开发费用，整个网络的利润为上层企业和下层企业的利润之和。因此，上层企业的利润 π_1、下层企业的利润 π_2 和整个网络的利润 π 可分别表示为

$$\pi_1 = r_1 q - \rho c_2 - c_1 = r_1 \beta c_1^a c_2^b - \rho c_2 - c_1 \quad (6.12)$$

$$\pi_2 = r_2 q - c_2 + \rho c_2 = r_2 \beta c_1^a c_2^b - (1-\rho)c_2 \quad (6.13)$$

$$\pi = \pi_1 + \pi_2 = (r_1 + r_2)\beta c_1^a c_2^b - c_1 - c_2 \quad (6.14)$$

其中，r_1、r_2 和 β 都是可以预测的常数，ρ 为上层企业愿意承担的配件开发费用比例，即上层企业的协同创新补贴。

（2）序贯行动博弈分析。当上层企业为领导者，下层企业

为跟随者时,上层企业和下层企业进行两阶段序贯非合作博弈,上层企业在博弈的第 1 阶段选择 c_1 和 ρ,下层企业在观测到 c_1 和 ρ 后,再选择 c_2,这是一个完美信息动态博弈,它的解称为子博弈精炼纳什均衡。

给定 c_1 和 ρ 的情况下,下层企业选择费用 c_2,使其利润 π_2 最大化,最优选择问题是:

$$\max_{c_2 \geqslant 0} \pi_2 = r_2 \beta c_1^a c_2^b - (1-\rho) c_2 \quad (6.15)$$

最优化的一阶条件意味着对式(6.15)中的 c_2 求偏导,并令其等于零,即:

$$\frac{\partial \pi_2}{\partial c_2} = b r_2 \beta c_1^a c_2^{(b-1)} - (1-\rho) = 0 \quad (6.16)$$

可以得到

$$c_2 = \left[\frac{b r_2 \beta c_1^a}{1-\rho}\right]^{1/(1-b)} \quad (6.17)$$

式(6.17)分别对 c_1 和 ρ 求一阶偏导,可以观察随着上层企业产品总体开发费用 c_1 和补贴 ρ 的改变,下层企业的配件开发费用 c_2 所发生的改变:

$$\frac{\partial c_2}{\partial c_1} = \frac{a [b r_2 \beta /(1-\rho)]^{1/(1-b)} c_1^{(a+b-1)/(1-b)}}{1-b} > 0 \quad (6.18)$$

$$\frac{\partial c_2}{\partial \rho} = \frac{(b r_2 \beta c_1^a)^{1/(1-b)} (1-\rho)^{(b-2)/(1-b)}}{1-b} > 0 \quad (6.19)$$

式(6.18)表示上层企业在产品总体开发费用上的支出越多,下层企业的配件开发费用支出也越多,因此上层企业的总体开发费用可以作为下层企业将在配件开发上支出经费的指示器,上层企业可以利用总体开发费用的影响,使下层企业增加在配件开发上的支出。

式(6.19)表示上层企业愿意补贴的费用越多,下层企业的配件研发费用支出就越多,因此上层企业的协同创新补贴也可以作为下层企业在配件研发上支出经费的指示器,上层企业也可以利用该指示器,促使下层企业增加配件开发费用,达到上层企业所期望的水平。

在该两阶段博弈中,通过分析上层企业总体开发费用 c_1 和补贴 ρ 对下层企业配件开发费用 c_2 的影响,上层企业可以有效地利用分析结果,通过增加自身的总体开发费用和协同创新补贴的总预算,激励和诱导下层企业增加配件开发费用的投入,这样上层企业和下层企业都能获得销售量增加的最终结果。

下面将式(6.17)代入上层企业的利润函数式(6.12),上层企业的最优选择问题是:

$$\max_{c_1 \geq 0, 0 \leq \rho \leq 1} \pi_1 = r_1 \beta c_1^a c_2^b - \rho c_2 - c_1 =$$
$$r_1 [c_1^{a/(1-b)} \beta (br_2 \beta)^{b/(1-b)} (1-\rho)^{b/(b-1)}] - c_1^{a/(1-b)}$$
$$(br_2 \beta)^{1/(1-b)} \rho (1-\rho)^{1/(b-1)} - c_1 \qquad (6.20)$$

为了使其利润 π_1 最大化,分别对式(6.20)的 c_1 和 ρ 求一阶偏导并令其等于0,即:

$$\frac{\partial \pi_1}{\partial c_1} = 0$$

$$\frac{\partial \pi_1}{\partial \rho} = 0$$

上层企业就可以确定其最优费用 c_1^* 和最优补贴 ρ^*。

$$c_1^* = [a^{1-b} b^b \beta (r_1 + br_2)]^{1/(1-a-b)} \qquad (6.21)$$

当 $r_1/r_2 \geq 1-b$ 时

$$\rho^* = [r_1 - (1-b)r_2]/(r_1 + br_2) \qquad (6.22)$$

当 $r_1/r_2 < 1-b$ 时,ρ^* 不存在

将最优费用 c_1^* 和最优补贴 ρ^* 代入式(6.17)中,下层企业可以求解其最优费用 c_2^*。

$$c_2^* = [b^{1-a} a^a \beta (r_1 + br_2)]^{1/(1-a-b)} \qquad (6.23)$$

式(6.21)—式(6.23)就是唯一的子博弈精炼纳什均衡新产品开发方案,从中可以看出上层企业的补贴既取决于两个成员的边际收益 r_1 和 r_2,也取决配件开发费用对销售量的影响因子 b,即:

第一,如果 $r_1/r_2 > 1-b$,上层企业将给下层企业提供正的配件开发费用补贴;如果 $r_1/r_2 = 1-b$,上层企业将不给下层企业提供配件开发费用补贴。也就是说,如果上层企业和下层企业的边际收益比值高于 $1-b$ 时,补贴比例与上层企业和下层企业的边际收益比值正相关;随着下层企业边际收益的提高和上层企业边际收益的降低,直到 $r_1/r_2 = 1-b$ 时,此时下层企业有强烈的动机,在配件开发上支出上层企业所期望的最优费用,以刺激新产品的销售,在这种情况下,上层企业有不与下层企业分担配件费用的动机。

第二,上层企业给下层企业的费用补贴与上层企业的边际收益正相关,而与下层企业的边际收益负相关。也就是说,对于上层企业,如果它的边际收益很高,它将会为下层企业提供更多的补贴,使下层企业增加配件开发费用的支出,以增加新产品的市场需求;对于下层企业,如果它的边际收益很高,即使上层企业仅为它提供很少的补贴,它也会为配件开发投资,以吸引消费者购买新产品。

(3)协同均衡分析。在上层企业和下层企业进行协同的情况下,双方以组织协同网络利润最优为首要原则来共同确定 c_1 和 c_2 的值,那么

$$\max_{c_1 \geq 0, c_2 \geq 0} \pi = (r_1 + r_2)\beta c_1^a c_2^b - c_2 - c_1 \quad (6.24)$$

为了使组织协同网络总体利润最优,分别对网络利润函数中的 c_1 和 c_2 求偏导,并令其等于零,得到:

$$\frac{\partial \pi}{\partial c_1} = a(r_1 + r_2)\beta c_1^a c_2^b - 1 = 0 \quad (6.25)$$

$$\frac{\partial \pi}{\partial c_2} = b(r_1 + r_2)\beta c_1^a c_2^{b-1} - 1 = 0 \qquad (6.26)$$

将式 (6.25)、(6.26) 化简，联立求解，可得帕累托有效产品开发方案集合：

$$u = \{(c_1^{**}, \rho, c_2^{**}): 0 \leq \rho \leq 1\}$$

其中，

$$c_1^{**} = [a^{1-b}b^b(r_1 + r_2)\rho]^{1/(1-a-b)} \qquad (6.27)$$

$$c_2^{**} = [b^{1-a}a^a(r_1 + r_2)\rho]^{1/(1-a-b)} \qquad (6.28)$$

值得注意的是，不是所有的帕累托有效方案对于上层企业和下层企业都是切实可行的，没有哪一家企业愿意接受合作比非合作时更低的利润。当上层企业和下层企业进行协同创新时，如果一种开发方案 $(c_1^{**}, \rho, c_2^{**}) \in u$，并满足：

$$\Delta \pi_1(\rho) = \pi_1(c_1^{**}, \rho, c_2^{**}) - \pi_1^* \geq 0 \qquad (6.29)$$

$$\Delta \pi_2(\rho) = \pi_2(c_1^{**}, \rho, c_2^{**}) - \pi_2^* \geq 0 \qquad (6.30)$$

那么，该方案才是上层企业和下层企业都愿意接受的，这里 π_1^* 和 π_2^* 分别为子博弈精炼纳什均衡时上层企业和下层企业的利润。因此，可以称

$$\begin{aligned} n = \{(c_1^{**}, \rho, c_2^{**}): &\Delta \pi_1(\rho) \geq 0, \Delta \pi_2(\rho) \\ &\geq 0, (c_1^{**}, \rho, c_2^{**}) \in u\} \end{aligned} \qquad (6.31)$$

为可行帕累托有效开发方案的集合，

$$\Delta \pi_1(\rho) = \pi_1(c_1^{**}, \rho, c_2^{**}) - \pi_1^*,$$

且当 $(r_1/r_2)^{b/(a+b)} - br_1/r_2 < 1$ 时，

$$\Delta \pi_2(\rho) = \pi_2(c_1^{**}, \rho, c_2^{**}) - \pi_2^*$$

为便于分析，假定 $(r_1/r_2)^{b/(a+b)} - br_1/r_2 < 1$，那么式 (6.29) 和式 (6.30) 就能够表示为

$$\Delta \pi_1(\rho) = \pi_1(c_1^{**}, \rho, c_2^{**}) - \pi_1^* \geq 0 \qquad (6.32)$$

$$\Delta \pi_2(\rho) = \pi_2(c_1^{**}, \rho, c_2^{**}) - \pi_2^* \geq 0 \qquad (6.33)$$

令
$$m_1 = \beta r_1[(c_1^{**})^a(c_2^{**})^b - (c_1^*)^a(c_2^*)^b] + c_1^* - c_1^{**} + c_2^*\rho^* \tag{6.34}$$

$$m_2 = \beta r_2[(c_1^{**})^a(c_2^{**})^b - (c_1^*)^a(c_2^*)^b] + c_2^* - c_2^{**} + c_2^*\rho^* \tag{6.35}$$

$$\rho_{\min} = -m_2/c_2^{**} \tag{6.36}$$

且

$$\rho_{\max} = m_1/c_2^{**} \tag{6.37}$$

那么

$$\Delta\pi_1(\rho) = m_1 - c_2^{**}\rho \tag{6.38}$$

$$\Delta\pi_2(\rho) = m_2 + c_2^{**}\rho \tag{6.39}$$

当 $m_2 < 0$ 时，n 能被简化为

$$n = \{(c_1^{**}, \rho, c_2^{**}): \rho_{\min} \leq \rho \leq \rho_{\max}\} \tag{6.40}$$

当给定 ρ 且满足 $0 < \rho_{\min} < \rho < \rho_{\max} \leq 1$ 时, $\Delta\pi_1(\rho) > 0$, $\Delta\pi_2(\rho) > 0$，即存在可行帕累托有效开发方案。那么，上层企业和下层企业都会同意将总体开发费用由 c_1^* 变为 c_1^{**}，将配件开发费用由 c_2^* 变为 c_2^{**}。但是，与网络利润不同的是，上层企业和下层企业的利润都取决于 ρ，因此它们将通过协商决定剩余利润 $\Delta\pi = \Delta\pi_1(\rho) + \Delta\pi_2(\rho)$ 的分配和上层企业的补贴，达成一个公平的 ρ 值，使双方在协同创新中形成双赢的局面。

（4）合作利润分配和补贴的讨价还价分析。假定上层企业和下层企业都同意将产品总体开发费用由 c_1^* 变为 c_1^{**}，将配件开发费用由 c_2^* 变为 c_2^{**}，将通过讨价还价来决定剩余利润的分配和补贴。上层企业希望 ρ 的取值更接近 $\rho_{\min}$，下层企业却希望 ρ 的取值更接近 $\rho_{\max}$，上层企业和下层企业都希望获得更多的剩余利润。采用 Rubinstein 讨价还价模型分析系统剩余利润的分配问题。Rubinstein 证明，在无限期轮流出价博弈中，存在唯一的子博弈精炼纳什均衡结果：

$$r^* = \frac{1-\delta_2}{1-\delta_1\delta_2} \qquad (6.41)$$

其中，δ_1 和 δ_2 在这里可以被理解为上层企业和下层企业的贴现因子（耐心程度），即给定其他情况（如出价次序），越有耐心的企业得到的份额越大。

在决定协同创新的网络剩余利润分配时，影响耐心程度的主要因素包括风险厌恶程度、谈判成本、核心竞争力等。耐心程度与成员的风险厌恶程度、谈判成本负相关，而与成员的核心竞争力强弱正相关。给定 δ_1 和 δ_2，由 Rubinstein 讨价还价模型可以确定上层企业和下层企业获得的最优剩余利润分别为

$$\Delta\pi_1^{**} = r^*\Delta\pi = \frac{(1-\delta_2)\Delta\pi}{1-\delta_1\delta_2} \qquad (6.42)$$

$$\Delta\pi_2^{**} = (1-r^*)\Delta\pi = \frac{\delta_2(1-\delta_1)\Delta\pi}{1-\delta_1\delta_2} \qquad (6.43)$$

最优的帕累托有效补贴 ρ 为

$$\rho^{**} = \rho_{\max} - \Delta\pi_1^{**}/c_2^{**} = \rho_{\min} + \Delta\pi_2^{**}/c_2^{**} \qquad (6.44)$$

由式（6.42）和式（6.43）可知，成员企业的风险厌恶程度越高，它获得的网络剩余利润就越少；谈判成本越高，它获得的网络剩余利润也越少；而核心竞争力越强，它获得的网络剩余利润就越多。

由式（6.44）可以预测当上层企业的风险厌恶程度提高，而下层企业的风险厌恶程度降低时，最优帕累托补贴比例 ρ 将增加，同样当上层企业的谈判成本增加时，而下层企业的谈判成本减少时，最优帕累托补贴比例 ρ 也将增加；当上层企业的核心竞争能力减弱，而下层企业的核心竞争能力增强时，最优帕累托补贴比例 ρ 将增加。

（5）模型总结。讨论并比较重大科技工程两级子系统（即产品和配件）协同创新模型，并用 Rubinstein 讨价还价模型来确

定最优的帕累托有效产品研制方案。通过模型分析可知,序贯行动非合作博弈时,当上层企业与下层企业边际收益比值较高时,上层企业将会给下层企业提供投入补贴,补贴比例与上层企业的边际收益正相关,与下层企业的边际收益负相关;当比值比较低时,上层企业不会给下层企业提供补贴。上层企业可以通过增加自身创新投入和补贴,激励和诱导下层企业增加配件创新投入。存在可行的帕累托有效开发方案,但上层企业和下层企业将通过讨价还价决定剩余利润的分配和上层企业的补贴。上层企业和下层企业获得的剩余利润都分别与自身的风险厌恶程度、谈判成本负相关,而与核心竞争力正相关。补贴比例与上层企业的风险厌恶程度、谈判成本正相关,与下层企业的风险厌恶程度、谈判成本负相关,而与上层企业的核心竞争力负相关,与下层企业的核心竞争力正相关。

6.5 基于契约链接的 MSTP 组织协同网络管理模式的运行

6.5.1 组织协同网络管理模式运行特征

1. 主体的平等性

与职权的独立性不同,基于契约链接的重大科技工程组织协同网络中的契约双方将基于职权链接的自上而下的指控关系变成平等的利益关系,且具有平等的法律地位,这种契约模式能够充分体现双方当事人的意愿和经济利益,符合市场经济条件下双方当事人的利益价值追求。除此之外,平等性还表现在主体之间相互独立，不像职权那样存在上下级关系，不存在任何隶属关系。这样，有利于双方的沟通和交流，有利于维护双方的权益。

2. 网络的开放性

在基于契约链接的重大科技工程组织协同网络中，契约是在一定的组织环境下制定的，它受许多因素影响和制约。好的契约总是双赢的，契约需要满足双方的需要。任何一方的需求要得到满足必须依靠对方的支持，否则，一方因需要得不到满足，就可能导致契约中断，另一方的需要也就无从谈起了。所以，契约双方必须相互沟通和了解，并根据对方的反应调节自身的行为。基于契约链接的重大科技工程组织协同网络具有明显的开放性特征，而不像基于职权链接的重大科技工程组织协同网络那样只关注自身的专业领域。

3. 契约的规范性

在基于契约链接的重大科技工程组织协同网络中，契约往往采用书面形式，它是指当事人双方用文字表述经过充分协商一致而订立的协议。契约双方为了维护自身的权力，都非常审慎地对契约内容进行充分考虑，反复推敲和斟酌，所以契约内容是非常严谨的，具有很强的规范性，它比基于职权链接的重大科技工程组织协同网络中简单命令的实施方式更详细、更规范、更科学。

4. 行为的准则性

基于契约链接的重大科技工程组织协同网络的管理不是基于官僚制度，而是基于契约双方都认可的原则。基于职权链接的重大科技工程组织协同网络具有明显的官僚色彩，不管上一级组织的指令是否正确，下达后下一级组织就应当无条件地、绝对地服从。而基于契约链接的重大科技工程组织协同网络上下层组织则是以双方共同认可的承诺或契约为行为的准则。承诺不是因职权而产生的强制性行动规则，而是双方公认的基本准则，是一种价值观，它是原则而不是制度。随着组织环境的变化，制度将不断地改变，而原则是可以相对稳定的，基于原则的管理比基于制度的管理更灵活、更有效。

6.5.2 组织协同网络管理模式运行适用性

基于契约链接的重大科技工程组织协同网络是市场经济条件下重大科技工程组织管理常常采用的一种相对分权的模式，它的运行优劣势决定了它的工程项目适用性。

1. 基于契约链接的重大科技工程组织协同网络的运行优势

（1）以分权契约化管理为基础，有利于最顶层组织摆脱庞大繁杂的研制管理工作，专心致力于重大科技工程的总体设计和战略规划。

（2）各层实施组织独立研制经营，实行全面负责制，从而有利于调动各层实施组织研制经营的积极性、主动性和创造性。

（3）通过契约可以明确各层实施组织的责、权、利关系，有利于规范双方的行为，形成有效的监督和约束，最终成为动力，提高各层实施组织效率，增强各层实施组织活力。

2. 基于契约链接的重大科技工程组织协同网络管理模式的运行劣势

（1）重大科技工程涉及各层实施组织较多，设施和设备重复配置率较高，交易成本和工程总费用较高。

（2）各层实施组织相对独立，易造成总体指挥控制不灵和利益本位主义盛行。

（3）各层实施组织缺乏有效的横向交流沟通。

由以上运行优劣势可以看出，基于契约链接的重大科技工程组织协同网络管理模式在进行技术复杂、规模巨大的重大科技工程管理时也呈现出了明显的优势，它比较适用于市场经济条件下不确定性高、所用技术复杂、持续时间较长、重要性较高、对外部依赖性强、时间限制性不强的重大科技工程。

6.6 本章小结

本章立足于当前我国处于计划经济向市场经济转轨期，考虑市场机制有效配置资源的法律契约约束作用，提出基于市场利益动因和契约链接关系的重大科技工程组织协同网络管理模式。首先，分析了管理模式中的的契约协同关系和模式形成过程。其次，在任务协同和产品协同基础上，聚焦于企业实施主体和科技协同创新，运用博弈理论分析基于契约链接的重大科技工程组织协同网络管理模式，给出相应的组织协同网络科技协同创新机制模型和研制分工协同机制模型。最后，给出基于契约链接的重大科技工程组织协同网络管理模式运行特征和适用性，提炼出相应的平等性、开放性、规范性、原则性运行特征以及运行优缺点。

第 7 章 我国载人航天工程组织协同网络管理模式实证分析

在前述重大科技工程组织协同网络模型、复杂性、管理模式研究的基础上，本章以载人航天工程为对象，进行实证分析。载人航天工程是一个举国工程，取得了辉煌的成就，不少专家和学者对其组织管理模式进行了深入研究和探讨，得出了很多丰富的成果。但是，至今还缺乏从网络的视角出发对载人航天工程组织管理模式进行研究的文献。基于组织理论、协同理论和网络组织理论，运用系统工程、项目管理方法，探讨载人航天工程组织协同网络管理模式，指导载人航天工程组织管理实践，具有十分重要的理论和实际意义。

7.1 载人航天工程发展历程

20 世纪 60 年代我国提出载人航天工程。1966 年，中国科学院和七机部第八研究院分别提出了载人航天的设想。在当时的国防科委支持下，第二年开始共同论证，全国 80 多个单位的 400 多名专家、学者参加了论证工作。1970 年 7 月 14 日，中央批准了国防科工委选拔航天员的报告，我国第一次载人航天工程正式立项，代号为"714"工程，飞船取名为"曙光"号。工程进行 5 年之后，由于当时国家经济基础薄弱、科技水平比较低，加上

"文革"的影响，中央决定"714"工程下马。

改革开放后的 1985 年再次提出载人航天工程。当时的国防科工委和航天部向中央提出了将载人航天作为中国下一步航天发展方向的建议。1986 年，载人航天被列入"863"计划。1992 年 9 月 21 日，党中央正式批准了载人航天工程，并命名为"921 工程"。历时 7 年，经过了概念研究、工程方案设计、可行性研究、工程技术及经济可行性论证等。按照我国航天事业发展规划，载人航天工程分三步来实施。第一步是发射无人和载人飞船，将航天员安全送入到近地轨道，进行对地观测和科学实验，并使航天员安全返回到地面。第二步是继续突破载人航天的基本技术：多人多天飞行、航天员出舱在太空行走、完成飞船与空间舱的交会对接。在突破这些技术的基础上，发射短期有人照料的空间实验室，建成完整配套的空间工程系统。第三步是建立永久性的空间试验室，建成中国的空间工程系统，航天员和科学家可以来往于地球与空间站，进行规模比较大的空间科学试验，解决较大规模的空间科学实验和应用技术问题。

1999 年 11 月 20 日，"神舟一号"飞船在酒泉卫星发射基地升空，经过 21 小时的飞行后顺利返回地面。2001 年 1 月 10 日，"神舟二号"飞船发射成功，在轨飞行近 7 天后返回地面。2002 年 3 月 25 日，"神舟三号"飞船发射升空，于 4 月 1 日返回地面。2002 年 12 月 30 日，"神舟四号"在经受了零下 29℃低温的考验后成功发射，于 2003 年 1 月 5 日，飞船安全返回并完成所有预定试验内容。2003 年 10 月 15 日，我国第一艘载人飞船"神舟五号"成功发射，随着中国首位航天员杨利伟于 2003 年 10 月 16 日安全返回，中国载人航天工程取得历史性突破，即第一步的任务已经完成，这标志着中国已成为世界上继俄罗斯和美国之后第三个能够独立开展载人航天活动的国家。2005 年 10 月 12 日，我国第二艘载人飞船"神舟六号"成功发射，航天员费俊龙、聂海胜被顺利送上太空，于17日，在经过115小时32分钟的太空飞行后，飞船返回舱顺利着陆。"神舟六号"进行了我国载人航天工程的首次多人多天飞行试验，完成了我国真正意义上有人参与的空间科学实验。2008年9月25日，我国第三艘载人飞船"神舟七号"成功发射，三名航天员翟志刚、刘伯明、景海鹏顺利升空。27日，翟志刚身着我国研制的"飞天"舱外航天服进行了19分35秒的出舱活动。中国随之成为世界上第三个掌握空间出舱活动技术的国家。2008年9月28日，"神舟七号"飞船在顺利完成空间出舱活动和一系列空间科学试验任务后，成功降落地面。

我国载人航天工程从1992年9月21日正式立项到2008年9月28日"神舟飞船"第7次飞天的成功，航天员三上太空。中国用最短的时间突破和掌握了载人航天的重大技术，建立了研究、规划、设计、试制、生产、试验和实施的研制流程任务体系，创设了以工程专项管理为核心的组织管理体系，形成一大批具有自主知识产权的创新成果，带动我国基础科学和应用科学等若干领域的深入发展，推动信息技术和工业技术进步，促进众多技术学科的交叉和融合，探索出一条符合国情、具有特色的自主创新道路。

7.2 组织协同网络模型及其复杂性

载人航天工程是我国航天领域迄今为止规模最庞大、系统最复杂、技术难度大、质量可靠性和安全性要求最高、资金有限、极具风险性的一项跨世纪国家重点工程。如何从系统科学思维出发，将人（专家）、信息（流程）和机器（设备单机到元器件）等诸多体系结合起来，发挥综合优势、整体优势、智能优势，既超越局部得失，实现技术系统全局优化和管理系统整体统筹，又主动防范和化解风险；如何把比较笼统的初始研制要求逐步落实到成千上万研制任务参与者的具体工作当中，并使这些工作及其成果最终能成为一个全面保证工程目标实现的实际系统，这是载人航天工程组织管理的出发点和落脚点。我国载人航天工程实行中央专委直接领导下专项管理，由原国防科工委统一组织实施，通过总指挥、总设计师联席会议制度决策工程中的重大复杂问题，从总体设计到分系统实施，建立起层次严密、责任分明、总体协调、运转合理的决策实施体系，形成了一整套成熟严格的管理制度。

7.2.1 工程系统研制任务

我国载人航天工程是航天史上迄今为止规模最大、系统组成最复杂、技术难度和安全可靠性要求最高的跨世纪国家重点工程，由航天员、飞船应用、载人飞船、运载火箭、发射场、测控通信、着陆场和空间实验室八大系统组成，如图 7.1 所示。

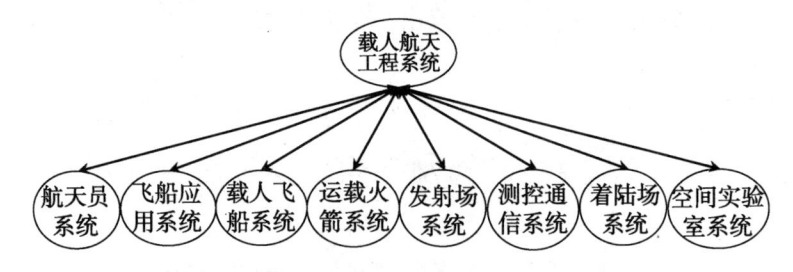

图 7.1 载人航天工程系统研制任务分解结构概图

航天员系统—主要任务是选拔、训练航天员，并在训练和载人飞行任务实施过程中，对航天员实施医学监督和医学保障，研制航天员的个人装备和飞行过程中对航天员进行医学监督、数据传输的有关设备，对飞船的工程设计提出医学要求。另外，航天员系统还要负责航天员的环境控制，其环控生保分系统要给航天员创造一个适于生活、工作的大气环境。目前，在北京建设了航天员科研训练中心，研制了航天服、船载医监医保设备、个人救生等船载设备。

空间应用系统——主要任务是载人航天工程的空间科学与应用研究。装载在飞船舱内的科学实验仪器，可进行空间对地观测和各种科学实验。实验内容非常广泛，研究成果将广泛应用于医药发展、食品保健、防治疑难病症以及工业、农业等各行业之中。空间应用系统主要有空间对地观测和空间科学研究两个方面，其中空间科学研究又包括空间天文和空间环境研究、空间科学实验研究、太空产业技术研究。

载人飞船系统——主要任务是研制神舟号载人飞船。载人飞船采用轨道舱、返回舱和推进舱组成的三舱方案，额定乘员3人，可自主飞行7天。按照神舟飞船目前运行模式，飞船在太空自主飞行试验结束后，返回舱按预定轨道返回地面，轨道舱可留航轨运行半年时间，执行一些对地观测及其他预定任务。神舟系列飞船由结构与机构、制导导航与控制、热控、电源、测控与通信、数据管理、着陆回收、环境控制与生命保障、推进、仪表照明、应急救生、航天员、有效载荷共13个分系统组成，如图7.2所示。其中环境控制与生命保障分系统（简称环控生保分系统）是载人飞船研制中最关键、最复杂的分系统之一，主要任务是对飞船轨道舱、返回舱在正常状态下的环境控制，包括舱内气体总压、氧分压、二氧化碳分压、温度、湿度以及舱内通风；在故障及应急状态下的安全保证；保障航天员在微重力环境下的正常生活，包括饮用水供应、食品管理以及大小便的收集处理，共包括9个子系统。

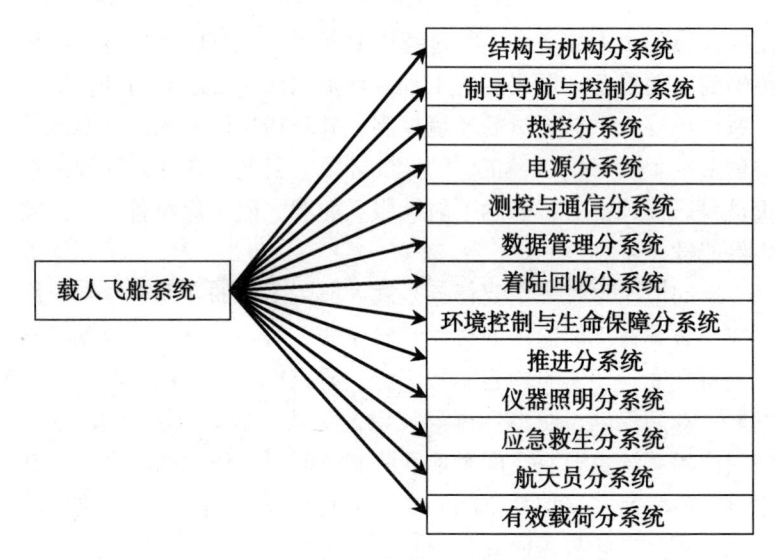

载人飞船系统 → 结构与机构分系统
制导导航与控制分系统
热控分系统
电源分系统
测控与通信分系统
数据管理分系统
着陆回收分系统
环境控制与生命保障分系统
推进分系统
仪器照明分系统
应急救生分系统
航天员分系统
有效载荷分系统

图 7.2 载人飞船系统研制任务分解结构概图

运载火箭系统—主要任务是研制用于发射飞船的运载火箭。中国载人航天工程使用的运载火箭为"长征二号"F 型运载火箭，是国内目前可靠性、安全性最高的运载火箭，其控制系统采用冗余技术，具备故障检测、救生等功能，可靠性超过 99.9%。运载火箭系统要解决靶场发射、运输、故障诊断和宇航员安全逃逸等方面的问题，如图 7.3 所示。

第 7 章 我国载人航天工程组织协同⋯⋯

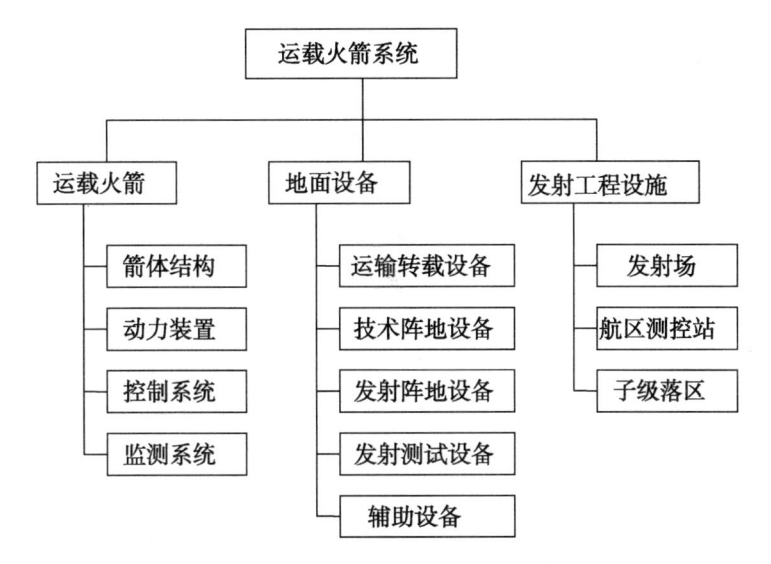

```
                    运载火箭系统
        ┌───────────────┼───────────────┐
     运载火箭         地面设备        发射工程设施
      ├箭体结构        ├运输转载设备      ├发射场
      ├动力装置        ├技术阵地设备      ├航区测控站
      ├控制系统        ├发射阵地设备      └子级落区
      └监测系统        ├发射测试设备
                      └辅助设备
```

图 7.3　载人航天运载火箭系统示意图

发射场系统——主要任务是负责火箭、飞船、有效载荷和航天员系统装船设备在发射场的测试和发射，并提供相应的保障条件。载人航天发射场建于中国酒泉卫星发射中心，由技术区、发射区、试验指挥区、首区测量区、试验协作区和航天员区六大区域组成，于 1998 年正式投入使用，采用了具有国际先进水平的"垂直总装、垂直测试、垂直运输"及远距离测试发射模式，可以兼顾未来大型航天器发射的需要。

测控通信系统——主要任务是完成飞行试验的地面测量和控制任务，负责飞船从发射、运行到最终返回的全程测量和遥控，是飞船升空后和地面唯一的联系途径。在原有卫星测控通信网的基础上，研制了符合国际标准体制，可进行国际联网的 S 波段统一测控通信系统，形成了陆海基载人航天测控通信网，主要包括北京、东风、西安三个指挥控制中心，渭南、青岛等固定测控站和活动测控站以及 4 艘"远望"号远洋测量船。航天测控系统分为飞船、火箭和地面三个部分。该系统由若干个分系统组成，如地面部分通常包括通信系统、时间统一系统、计算机数据处理系统、指挥调度系统、跟踪测轨系统、遥测、遥控系统等。

着陆场系统—主要任务是负责对飞船返回再入的捕获、跟踪和测量，搜索回收返回舱，并对航天员返回后进行医监医保、医疗救护的重要任务。着陆场主要包括内蒙古中部的主着陆场和酒泉卫星发射中心内的副着陆场以及若干陆、海应急救生区。该系统拥有先进的无线电测量系统，能够在飞船进入大气层后对它的轨迹实施跟踪、测量。着陆场系统包括陆海空立体搜救网、航天员医监医保医疗救护体系、着陆场信息支持体系，着陆场测控系统，如图 7.4 所示。

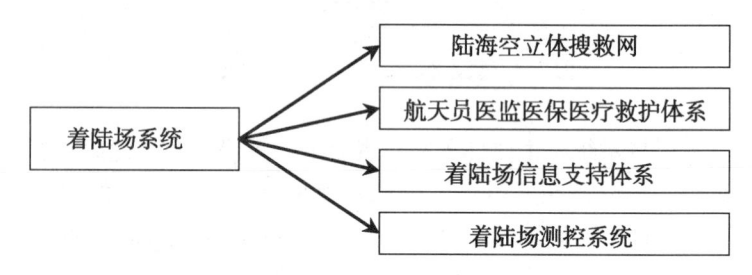

图 7.4 着陆场系统研制任务分解结构概图

空间实验室系统—主要任务是进一步掌握飞行器空间交会对接技术，突破航天员中期驻留、飞行器长期在轨自主飞行、再生式生保和货运飞船补加等关键技术，验证天地往返运输飞船的性能和功能，进行一定规模的空间应用。中国空间技术研究院研制的"天宫"二号空间实验室将主要开展地球观测和空间地球系统科学、空间应用新技术、空间技术和航天医学等领域的应用和试验。"天宫"三号空间实验室将主要完成验证再生生保关键技术试验、航天员中期在轨驻留、货运飞船在轨试验等,还将开展部分空间科学和航天医学试验。

中国载人航天工程的八大系统涉及学科领域广泛、技术含量密集,全国110多个研究院所、3000多个协作单位和几十万工作人员承担了研制建设任务[①]。

7.2.2 适应型组织协同网络

我国载人航天工程,在国务院、中央军委专门委员会(简称中央专委)直接领导下,实施专项管理,即由总装备部、工业与信息化部(下设国防科工局)、中国科学院和中国航天科技集团公司等部门、行业及单位,按照工程的科学技术流程和职能分工,组成跨部门、跨行业、高度集中统一的组织管理体系,由四单位相关领导和专家担任相应的总指挥、副总指挥、总设计师、副总设计师,成立工程总体部,在总装备部下设载人航天工程办公室(即"921"工程办公室)负责工程顶层总体事务管理,实行制定政策与实施管理相结合、行政指挥与技术负责相结合、分散管理与统一协调相结合的组织管理原则。

在专业实施层面上,部门职能设置非常明确,由总装备部负责航天员、发射场、测控通信、着陆场等四大系统及其相应的若干分系统,由中国科学院负责飞船应用系统,由中国航天科技集团公司负责载人飞船、运载火箭、空间实验室系统及相应的分系统。各系统及相应的分系统均成立相应的总体部。总指挥和总设计师两条指挥线自上而下纵向贯通,各级载人航天工程办公室横向管理,各级定岗位定职责,共同编织成矩阵式的组织体系和网

---

① 中国载人航天工程网.中国载人航天工程概况[EB/OL].[2011—3—5] http://www.cmse.gov.cn.

络。在管理层面上，根据任务的性质，形成了平时和飞行任务期间两种管理模式。

例如，为实施我国载人航天科学与应用技术研究，中国科学院在1993年成立了空间科学与应用总体部（GESSA），其专门负责统一组织空间应用系统的研制。在GESSA组织下，近50家单位，约1000余人参与项目研究工作。参与载人航天工程应用系统的主要单位和部门分布在全国各地、各个行业，包括著名的大专院校、科研院所、国家各部委应用部门等，如：中国科学院高技术局、基础局、生物局等下属的研究所，国家气象局、海洋局、电子信息产业部、航科集团等下属的相关科研、产业单位等，随着载人航天工程持续发展，将有更多的科研院所、学校和产业部门加入到空间应用系统的行列当中。

围绕载人航天工程的实施，共有110多个研究院所、基地、高等院校、工厂直接承担了研制、建设和试验任务，国务院有关部委、军队各总部、有关军区、军兵种和省市自治区等3000多家单位的数十万人承担了工程协作配套和支援、保障任务。这些数量众多的单位组成纵横交织的适应型组织协同网络（如图7.5所示），保证4次无人飞行试验和3次载人飞行都取得圆满成功。这也是发挥我国集中力量办大事政治优势和全国大协作的典范。

载人航天工程的实践表明，当前情况下，采用适应型组织协同网络模型建立高度集中统一的大规模一体化组织管理体系，是利用先进技术实现宏大工程目标的组织保证。高度专业化和分工协作，是适应型组织协同网络模型的主要特点。充分协调和密切的信息沟通，是实现适应型组织协同网络活动一体化的必要手段。组织协同的核心理念，是保证载人航天工程正常实施的灵魂。

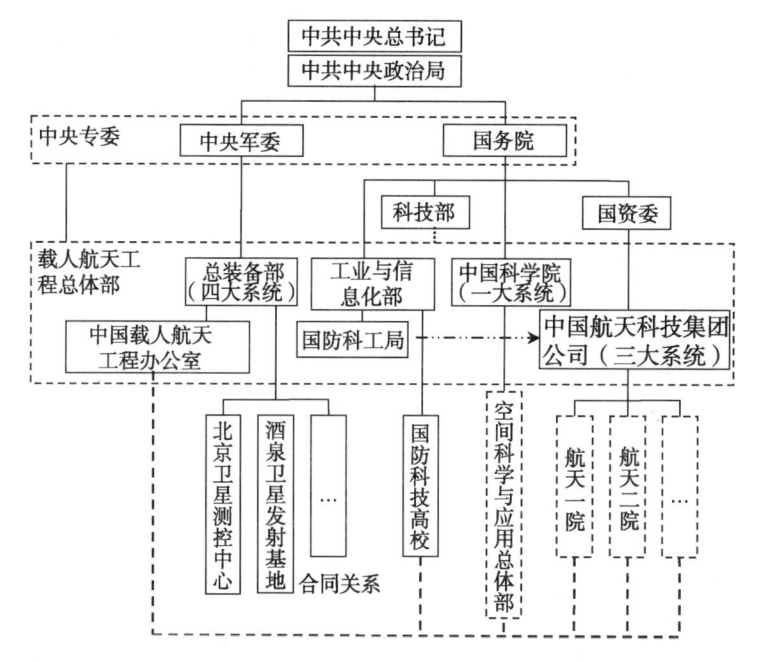

图 7.5 我国载人航天工程适应型组织协同网络略图

7.2.3 组织协同网络复杂性根源

载人航天工程是一个非常复杂的工程系统,体现为构成载人航天工程系统的各个要素的多样性和相互作用的难以预测性。载人航天工程涉及学科领域广,包括近代力学、天文学、航天医学、空间科学、地球科学等学科,运用多项高新技术,如自动控制、推进技术、计算机、通信、遥感、新能源、新材料、光电子、微电子等技术。例如,我国"神舟七号"飞船在方案设计和系统研制过程中,进行了多项关键技术的攻关和突破,一是气闸舱与生活舱一体化设计技术;二是出舱活动飞行程序设计技术；三是中继卫星数据终端系统设计及在轨试验设计技术；四是航天产品国产化技术与应用；五是载人飞船 3 人飞行能力设计与应用技术；六是伴飞卫星释放支持及分离安全性设计技术。这些技术都要求众多相对应的企业、高校和研究所等分工合作，大力协同，不仅要保证每一个部门能完成分担的任务，研制出任务要求的部件，而且要求部件组建后能够完成整个体系的正常功能，这就需要在设计、研发和制造全过程中各个单位进行合作和交流信息。

载人航天工程是航天领域质量可靠性和安全性要求最高的重大科技工程。在工程实施过程中，要求强化可靠性工程设计技术，将可靠性、安全性和可维修性等质量特性设计到载人航天型号产品中，做到可制造、可检测、可维护，控制设计质量，对工程研制阶段关键节点和专项技术工作实行系统、全面的审查和评审制度。载人航天产品质量可靠性和安全性从元器件、原材料筛选检验开始抓起，对软件测试、单机、部（组）件、分系统、匹配测试、全系统联合检查、射前检查，做到每一步把产品性能、功能和可靠性冗余检查到位，确保从单机到系统、从软件到硬件测试充分可靠，逐步剔除缺陷产品。工程对于不可测试件从原材料和元器件的验收、筛选直到工艺处理、加工制造以及组装过程，都进行了严格控制。针对载人航天特殊要求，工程有针对性进行了模拟空间环境、飞行环境大量地面试验，围绕航天员安全，从元器件和原材料的失效率、寿命周期、分系统、系统设计合理性和成功率抓起，在系统所有研制阶段进行系统安全性可靠性分析，使用事件树、故障树和风险后果等分析方法和技术进行评估并采取相应的有效措施。

基于载人航天工程涉及学科广泛性、应用技术复杂性、高质量和高可靠性的要求，规模庞大的载人航天工程需要各部门协同作战完成。为此，工程实施专项管理，统一组织很多部门、单位和系统协同配合，形成组织协同网络。有110多个单位和企业直接承担了"神舟一号"到"神舟七号"的研制和发射任务，航空、船舶、兵器、机械、电子、化工、冶金、纺织、建筑等领域以及有关省、市、自治区的3000多个单位承担了协作配套任务。我国载人航天工程组织协同网络中的协同包括两个层次：一是航天系统的内部协同，二是全国范围的大力协同。航天系统内部协同主要是载人航天产品的研究、设计、试制、试验等方面的协同，航天科技基础是载人航天工程的后盾。但这一后盾作用的发挥还依赖于全国其他相关部门的大力协同，载人航天工程在全国范围内的协同主要包括科研协同、生产协同、物资器材协同和载人航天飞船发射试验协同等。提高了效益，保证了质量，丰富了我国大型航天工程管理经验。

由于载人航天工程的部分参与组织涉及保密，以致于构建的工程组织协同网络仅仅是简略图，不甚完整，因此，此部分省略了组织协同网络的复杂性度量，即有序度定量评价。

7.3 组织协同网络职权链接到契约链接的转型趋势

目前，我国载人航天工程组织协同网络是军队、政府、企业密切结合的典型军民融合型网络[1]。随着政治体制的改革和经济体制的转型，载人航天工程组织协同网络由过去自我封闭、自我发展、自成体系的军事性质的网络转变为以军队和政府为主导、以企业为主体的面向军民两用的网络，由以权力为驱动力、以职

---

[1] 侯光明，贺新闻．国防科技工业军民融合式现代化发展思考［J］．军事经济研究．2010.10.

权为链接正在转向以利益为驱动力、以契约为链接、以法律为约束。这种转变也是世界载人航天发展的大趋势，符合载人航天工程发展的客观要求。

7.3.1 基于职权链接的组织协同网络现状

在载人航天工程组织协同网络的构建中，政府和军队发挥着主导作用。载人航天工程一直由国务院、中央军委专门委员会直接决策和统筹安排。在1998年以前，载人航天工程主要由原中国航天工业总公司负责实施。1998年至2008年，载人航天工程各实施组织分属于国防科工委和总装备部。现今，载人航天工程各实施组织遍布于总装备部、工业和信息化部国防科技工业局的下属单位和国资委下辖的中国航天科技集团公司、电子科技集团公司以及中国科学院，由总装备部921工程办公室负责总体规划和组织协调。

总体上，围绕着载人航天工程的任务实施，在中共中央、国务院、中央军委的统筹下，形成了一个体系庞大、等级分明的以职权链接为主的组织协同网络。载人航天工程组织协同网络有着严格的职权结构，在组织管理中贯彻命令统一原则，下一级组织隶属于上一级组织，下一级组织的主要领导必须服从上一级组织的领导，上一级组织领导监督下一级组织的业务执行，自上而下进行着命令信息传递，指挥路径非常清晰，从高层组织领导至基层组织领导都有明确的责权描述。这种组织管理体系有力保证了载人航天工程任务实施的高效率。

在载人航天工程组织协同网络中，由总装备部向各实施组织下达和指定科技攻关、产品研制任务，相应的实施费用也由总装备部来拨付，自上而下流动着任务流、人员流、资金流、物资流、信息流等，自下而上流动着技术流、产品流等。在总装备部、工业和信息化部国防科技工业局的下属单位和国资委下辖的中国航天科技集团公司以及中国科学院内部，围绕着工程研制任务的实施，科技人员进行着科技攻关，管理人员为科技人员提供着保障服务。在各实施单位，围绕着工程项目的完成，采用矩阵式组织管理方法。

对于整个载人航天工程组织协同网络，两条指挥线纵向贯通，各级项目办公室横向管理，形成了一套纵横交错的动态的运行组织体系。两条指挥线是以总设计师负责的技术线和以总指挥负责的指挥线。根据中国载人航天工程网公布的信息，目前，总指挥由总装备部长兼任，副总指挥由总装备部副部长、工信部副部长、中国科学院副院长、航天科技集团公司总经理、电子科技集团公司总经理兼任，总设计师由总装备部有关专家担任，副总设计师由总装备部、航天科技集团公司有关专家担任。技术线由总设计师、各个分系统主任设计师以及单项设备、部件的主管设计师和设计师组成，指挥线由总指挥、各个研制单位的主管领导、计划调度系统和机关职能部门有关人员组成，两线纵贯由总装备部、工业和信息化部、中国航天科技集团公司、电子科技集团公司和中国科学院等单位组成的组织协同网络。

总设计师是工程研制任务的技术总负责人，是设计技术方面的组织者、指挥者和重大技术问题的主要决策者。总指挥是工程进度、经费计划和控制的总负责人，是资源保障方面的组织者和指挥者。当今，以最短的时间和最少的人力、物力、投资完成工程研制任务已成为新形势下的管理目标，因而要求最好由一个决策人在工程研制全过程中保持着进度、经费、技术三要素的平衡，不断地做出优化的决策选择，这就是由总指挥担当工程总负责人的原因。载人航天工程的型号总体和主要分系统都是在一个行政单位内配套，从型号院延伸至厂、所、基地的型号指挥系统与院行政管理体系是并行的层次结构，形成了组织内部工程任务实施的管理框架。这种行政权力和首长指挥对于工程组织协调起着决定性作用。

7.3.2 基于契约链接的组织协同网络趋势

在总体上，载人航天工程组织协同网络是以职权链接为主。在局部上，部分单位之间基于职权链接和基于契约链接并存或仅基于契约链接。在总装备部、工业和信息化部的下属研制单位和中国航天科技集团公司、中国科学院等不同类别系统单位之间是基于职权链接和基于契约链接并存或者仅仅基于契约链接。在载人航天工程组织协同网络中，由总装备部总体负责，在确立工程总目标和总任务后，"921"工程办公室通过职权方式让下属单位组织实施四大系统，通过契约方式让中国航天科技集团公司牵头组织实施三大系统，让中国科学院牵头组织实施一个大系统。八大系统分解后的多层目标和任务体系由各牵头实施组织通过职权方式逐级落实到下属实施组织或者通过招投标方式让其他类别组织承担。由此形成了载人航天工程组织协同网络中的不同系列部分单位之间基于利益驱动的契约协同链接关系。

围绕着载人航天工程的组织实施，基于契约链接的组织协同管理模式正在逐步改变基于职权链接的组织管理模式的依托权力、通过职权设置界定组织间协同关系的方式，而是依靠市场利益调控、通过法定契约确定组织间协同关系，由各系列实施组织平等互动、协商推进工程任务的实施，并且需求方充分发挥着巨大的引导作用。这种基于契约链接的组织协同关系符合市场经济条件下实施组织的长期目标，尤其是满足了企业组织的市场利益需求，有利于调动企业组织的活力和积极性，催生战略性新兴产业，促进社会经济的发展。这是一种符合市场经济运行规则的发展趋势。随着航天科技的日趋发展成熟和航天产品的逐步研制成功，更多的航天产品应推向市场，现有的政府下属研制机构应转制为企业或企业化运营，更多的载人航天工程任务应由企业来承担，运用市场化规则来完成载人航天工程任务，实现载人航天的目标。这种转型也是国家军民融合式发展的客观要求[1][2]。

纵观美国，不管是军用载人航天、民用载人航天，还是商业载人航天，工程研制任务主要由私营航天企业承担，它的载人航天工程组织协同网络是典型的以私营航天企业为主体的基于契约链接的分散型组织协同网络，这是由美国的自由市场经济体制和经济实力决定的。在民用航天方面，NASA每年预算的80%以上用合同费形式或赠款形式转拨到美国航天工业界、科技界、高校和有关部门，NASA本身只保留不到20%，约有20万承包商人员为NASA进行研究和研制工作。

从国内外载人航天工程组织管理实践可知，在不同的政治、经济、科技、社会发展形势下，在工程的不同生命周期阶段，工程需要采用不同的组织管理模式，在研制目标实现前采用基于职权链接的组织协同网络管理模式，以利于科技集中攻关；在研制目标实现后采用基于契约链接的组织协同网络管理模式，并孵化高科技公司或子公司，使其后期转为国有运营或出售为私有，以返回政府初期投入资金，最终形成开放竞争、有序分布的战略性新兴产业格局，活跃社会市场经济。同时，针对载人航天工程中的关键核心任务，常采用高效率的基于职权链接的管理模式，而非核心业务采用基于契约链接的管理模式。

适应载人航天的市场化运行趋势和军民融合的发展要求，结

---

[1] 贺新闻，侯光明. 国防科技工业的工业化路径：一个军民融合的战略视角[J]. 科学管理研究，2011（4）.

[2] 贺新闻，侯光明. 民营企业准入国有垄断行业的制度选择与博弈分析[J]. 中国软科学. 2009.11.

合我国政治体制改革实际和计划经济向市场经济转型的现状，我国载人航天工程研制任务需要采用基于职权链接和基于契约链接相结合、集中型和分散型优点兼备的适应型组织协同网络管理模式，运用职权指控和市场调控相结合的手段集中优势人力资源在有限财力和物力资源基础上集中攻关，包括吸收国外优势资源，以掌握关键核心技术，催生战略性新兴产业，促进经济社会发展。随着我国市场经济体制的逐步完善，载人航天工程应逐步面向市场，承担研制任务的实施组织之间要更多采用契约方式来链接，以增强各实施组织的活力，促进载人航天的长远可持续发展。

7.4 本章小结

本章基于前述研究结论，以载人航天工程为实证对象，进行了组织协同网络管理模式实证分析。首先，阐述了载人航天工程的由来、简要发展历程和取得的成就。其次，在工程系统研制任务分解结构的基础上，描绘出载人航天工程适应型组织协同网络模型，并分析了其特有的复杂性。最后，结合公开资料获知的载人航天工程组织管理的状况，分析了基于职权链接的组织协同网络管理模式表现，并指出基于契约链接的组织协同网络管理模式是我国载人航天工程组织管理模式的未来发展趋势。载人航天工程是一个规模极其庞大、系统组成异常复杂的工程系统，且涉及国家机密，其组织管理模式还可以进一步深化研究。

第8章 结论及探讨

8.1 研究结论

本研究基于系统工程和项目管理知识体系,融合组织理论、协同理论、网络组织理论,采用复杂性理论、计算组织理论、博弈理论等多学科交叉的研究方法,对重大科技工程组织管理模式进行系统、深入的研究,创造性地提出重大科技工程组织协同网络的管理模式,主要结论体现在以下五个方面:

第一,通过文献理论研究、实地调研、专家咨询和比较分析法,以重大科技工程的立项、实施、评估、验收为主线,对美国重大科技工程组织管理模式进行分析,从中得出对我国有益的经验借鉴。对于我国重大科技工程组织管理,必须加强顶层领导和协调,体现技术、产品、企业、产业、经济一体化的战略布局设计,明确企业的实施主体地位,促进产学研合作创新,强化第三方独立机构的评估和验收作用。与此同时,在对我国典型重大科技工程组织管理模式进行概要总结和提炼的基础上,剖析我国重大科技工程寿命周期组织管理全过程,找出了其中存在的现实问题,不仅有立项、实施、评估、验收四个组织管理层面之间的纵向组织协同关联问题,还有各个层面内部的横向组织单元协同问题,主要集中于实施组织管理层面众多组织之间的关联协同问题，因而提出了针对重大科技工程实施组织管理层面的组织协同网络管理模式的科学问题。

第二，结合我国重大科技工程组织管理实际，基于组织理论、协同理论和网络组织理论，综合运用系统工程和项目管理理论、方法和技术，提出构建重大科技工程组织协同网络的目标一致、分工协作、信息沟通、上层组织精简原则，对重大科技工程构设了集中型、适应型、分散型三种组织协同网络模型，并深入分析重大科技工程组织协同网络的协同管理形成、实现、约束过程。

第三，基于复杂性科学和复杂适应系统理论，分析了重大科技工程组织协同网络的实体、结构、整体的复杂性，运用信息熵和结构熵理论提出定量评价重大科技工程组织协同网络复杂性的熵模型，并对集中型、适应型、分散型三种组织协同网络模型进行了熵运算。由此得出，三种组织协同网络模型有着不同的信息有序度、结构有序度和总有序度，三种模型结构有序度和总有序度递减，信息有序度递增。因此，分散型重大科技工程组织协同网络的信息流通有效性最大，但需要加强分散型重大科技工程组织协同网络的总有序性。

第四，考虑重大科技工程组织协同网络的核心问题在于能够诱发各种交互作用的网络关系及其构造，主要集中在重大科技工程组织协同网络形成的动因和条件，结合我国集中力量办大事的政治职权特色优势，基于系统工程、项目管理知识体系和重大科技工程组织协同网络模型，提出基于权力动因和职权链接关系的重大科技工程组织协同网络管理模式，分析其中的指挥与被指挥、决策与被决策、奖惩与被奖惩的职权协同关系，给出相应的组织协同网络管理模式形成表现、运行特征和优缺点，并运用计算组织理论定量测度基于职权链接的重大科技工程组织协同网络管理模式，描绘出相应的模式视图和组织、流程、关系测度程序，给出相应的关系测度模型。

第五，立足于当前我国半计划半市场的转轨经济形态，考虑市场机制有效配置资源的法律契约约束作用，基于系统工程、项目管理知识体系和重大科技工程组织协同网络模型，提出基于市场利益动因和契约链接关系的重大科技工程组织协同网络管理模式，分析其中的的契约协同关系和模式形成表现，提炼出相应的平等性、开放性、规范性、原则性运行特征以及运行优缺点，并运用博弈理论分析基于契约链接的重大科技工程组织协同网络管理模式，聚焦于企业实施主体和科技协同创新，给出相应的组织协同网络科技协同创新机制模型和研制分工协同机制模型。

第六，从载人航天工程的实证分析中可以看出，结合我国政治体制改革实际和计划经济向市场经济转轨现状，重大科技工程的组织管理需要充分利用我国集中力量办大事的职权优势和市场机制配置资源的契约优势，采用基于职权链接和基于契约链接相结合、集中型和分散型优点兼备的适应型组织协同网络管理模式，运用职权指控和市场调控相结合的手段集中全国分散的优势，人力资源在有限的财力和物力资源基础上集中攻关，包括吸收国外优势资源，探索形成有利于实现重大科技工程目标的新型举国体制，以掌握关键核心技术，催生战略性新兴产业，促进经济社会发展。

8.2　主要创新点

第一，提出重大科技工程组织协同网络模型

重大科技工程组织协同网络模型是本研究亟待解决的关键问题。在分析中美重大科技工程组织管理实践基础上，依据组织理论、协同理论和网络组织理论，基于系统工程和项目管理方法，运用系统分解集成和工作分解结构技术，综合考虑工作任务分解结构基本模型、工作任务层级、工作任务数量、同一任务层级实施组织数量、不同任务层级实施组织比例、经济体制环境等多个影响因素，提出三种典型的具有代表性的不同工作任务分配情况、不同经济体制下的重大科技工程组织协同网络基本模型，即集中型、适应型、分散型，其中基于任务的重大科技工程分散型组织协同网络呈现出明显的以层级树状为主体特征的网络结构，体现出典型的分类分级逐层跨组织协调规则。

第二，给出重大科技工程组织协同网络复杂性熵模型

熵是组织系统复杂性程度的的度量。重大科技工程组织协同网络本质上是一个多主体系统，它的复杂性表现为实体要素、实体间关系、网络结构与管理运行方式等方面的复杂性。根据重大科技工程组织协同网络的功能特征，将其分为两大部分：反映重大科技工程组织协同网络中信息流动部分的信息熵和反映重大科技工程组织协同网络中固定结构部分的结构熵。综合二者考虑，获知重大科技工程组织协同网络的有序度。由此构造出重大科技工程组织协同网络的熵模型，分析提高组织协同网络有序度的基本途径，并对集中型、适应型、分散型三种组织协同网络模型分别进行了熵运算，得出相应的对比结论。

第三，设计出基于职权链接的重大科技工程组织协同网络关系测度模型

基于职权链接的重大科技工程组织协同网络管理模式的基本元素包括实施组织、网络关系、实施过程和任务，这四个基本元素构成了一个完整的组织协同网络管理模式视图，运用计算组织理论建立实施组织、网络关系、实施过程和任务的抽象概念视图描述，并给出组织协同网络关系的测度程序，包括重大科技工程任务分析、建立组织协同网络的实施组织模型、确定组织协同网络关系测度的约束参数、建立实施任务的有效行动过程、设计与

任务和行动过程相匹配的关系模型。以此为基础，考虑实施组织由领导者（决策者）和科技资源（科研人员、设备、经费等）等构成，依次建立科技资源在任务上的分配关系、领导者对科技资源的管控关系和领导者之间的指控协同关系，完成对组织协同网络关系的测度。

第四，构建出基于契约链接的重大科技工程组织协同网络协同博弈机制模型

从市场利益博弈的视角分析，基于契约链接的重大科技工程组织协同网络是围绕重大科技工程实施，由利益相关者之间进行科技协同创新而形成的价值创造、分配、转移和使用的关系及其结构。组织协同网络中的行为主体是企业，由此构建出相应的组织协同网络科技协同创新博弈机制模型和研制分工协同博弈机制模型。对于科技协同创新博弈机制模型，采用三阶段博弈分析方法，考虑一个库诺特寡头竞争模式下的情况来分析生产同质子系统（产品）的企业间的协同程度对科技创新投资水平和产品市场的影响。对于研制分工协同博弈机制模型，在考虑创新投入和补贴的情况下，分析了上层企业作为领导者的斯坦克尔伯格非合作模型和双方合作的协同创新模型，并利用纳什讨价还价理论和效用模型得出均衡结果。

8.3　研究局限及进一步研究方向

第一，本研究针对重大科技工程实施的组织管理模式问题，基于组织理论、协同理论、网络组织理论，应用系统工程和项目管理知识体系，提出重大科技工程组织协同网络的管理模式，并对其结构类型、链接关系进行研究，有一定的研究局限性，部分内容尚待从不同的角度和侧面展开深入研究。同时，还可以应用

其他理论和方法，如社会网络理论、结构方程方法等，对重大科技工程组织协同网络进行深入研究。

第二，重大科技工程非常复杂，涉及面很广，既可以把立项、实施、评估、验收每一个环节的组织管理模式问题作为下一步的研究方向，也可以把实施环节的质量管理模式、战略管理模式、文化建设模式等作为下一步的研究方向，还可以对重大科技工程的军民融合式发展模式、后续协调发展模式、国际合作模式、技术转移模式、市场化运作模式、公共关系管理模式进行研究。

第三，本研究以载人航天工程为实证对象，进行了组织协同网络管理模式实证分析。载人航天工程本身是一个规模极其庞大、系统组成异常复杂的工程系统，且相关内容和数据涉及国家机密，对其组织管理模式、质量管理模式等方面开展研究是一个很大的命题，有待进一步深化研究。

参考文献

[1] 钱学森等. 论系统工程（新世纪版）[M]. 上海：上海交通大学出版社, 2007.

[2] 汪应洛. 系统工程 [M]. 北京：高等教育出版社, 2009.

[3] 侯光明. 国防科技工业军民融合发展研究 [M]. 北京：科学出版社, 2009, 11.

[4] 黄春平, 侯光明. 载人航天运载火箭系统研制管理 [M]. 北京：科学出版社, 2007, 10.

[5] 国家科技部. 国家科技计划 2010 年年度报告 [EB/OL]. [2010 - 12 - 16] http://www.most.gov.cn/.

[6] 马大龙. 国家重大科技专项管理机制改革刻不容缓 [J]. 中国科技产业, 2010（4）.

[7] 李武强. 实施国家重大科技专项, 促进重点产业科技创新 [J]. 中国科技产业, 2003（11）.

[8] 张智文. 国家重大科技项目组织管理的若干思考 [J]. 中国软科学, 1998（12）.

[9] 匡胜国. 重大科研项目下马原因之探索 [J]. 世界科学, 2003（8）.

[10] 重大科技专项加快破冰 [EB/OL]. [2010 - 03 - 26] http://www.cnr.cn.

[11] 查文晔等. 我国重提举国体制搞科研, 拟实现 16 个重

大项目突破 [EB/OL] . [2010 - 06 - 22] http: // news. xinhuanet. com.

[12] 刘延东. 深化科技改革,探索市场经济新举国体制 [N]. 人民日报,2009 -11 -26.

[13] Sai - On Cheung, Henry C. H. Suen, Tsun - lp Lam. Fundamentals of alternative dispute resolution processes in construction [J] . Journal of Construction Engineering and Management, 2002, 128 (5).

[14] Omar K halil and Shou hong Wang. Information Technology Enabled Meta - management for Virtual Organizations [J]. International Journal of Production Economics. 2002 (75).

[15] Mohan M. Kumaraswamy, Florene Yean Yng Ling, M. Motiar RabLInan. Constructing Relationally Integrated Teams [J]. Joural of Construction Engineering and Management. 2005, Vol. 131, No. 10.

[16] A. F. Griffith, G. E. Gibson Jr., Alignment during Pre-project Planning [J]. Journal of Management in Engineering, 2001.

[17] Eddie W L. Cheng, Heng Li. Construction partnering process and associated critical success factors: quantitative investigation [J]. Journal of Management in Engineering, 2002, 18 (4).

[18] John B. Miller and Roger H. Evje. The practical application of delivery methods to project portfolios [J]. Construction Management and Economics, 1999 (17).

[19] Feniosky Pena - Mora, Tadatsugu Tamaki. Effect of delivery systems on collaborative negotiations for large - scale infrastructure projects [J]. Journal of Management in Engineering, 2001, 17 (2).

[20] David C. Brown, Melanie J. Ashleigh, Michael

J. Riley. New project procurement process [J]. Journal of Management in Engineering, 2001, 17 (4).

[21] FIDIC. Conditions of Contract for Plant and Design – Build. 1999.

[22] FIDIC. Conditions of Contract for EPC [J]. Turnkey Project. 1999.

[23] T. C. Berends. Cost plus incentive fee contracting – experiences and structuring [J]. International Journal of Project Management, 2000, 18.

[24] J. Rodney Turner, Stephen J. Simister. Project contract management and a theory of organization [J]. International Journal of Project Management, 2001 (19).

[25] Shamil Naoum. An overview into the concept of partnering [J]. International Journal of Project Management, 2003 (21).

[26] A. F. Griffith, G E. Gibson Jr.. Alignment during pre-project planning [J]. Journal of Management in Engineering, 2001, 17 (2).

[27] Stuart D. Anderson, Deborah J. Fisher and Suhel P. Rahman. Integrating constructability into project development: a process approach [J]. Journal of Construction Engineering and Management. 2000, 126 (2).

[28] Chimay J. Anumba. Integrated systems for construction: challenges for the millennium [A]. International conference on construction information technology 2000 [C]. HongKong, 2000 (1).

[29] C. J. Anumba, A. K. Duke. Telepresence in concurrent lifecycle design and construction [J]. Artificial Intelligence in Engineering, 2000 (14).

[30] Brian Hel brough. Computer assisted collaboration – the fourth dimension of project management [J]. International Journal of Project Management, 1995, 13 (5).

[31] Feniosky Pena – Mora, Gyanesh Hari Dwivedi, Multiple device collaborative and real time analysis system for project management in civil engineering [J]. Journal of computing in civil engineering, 2002.

[32] C. M. Tam. Use of the internet to enhance construction communication: Total Information Transfer System [J]. International Journal of Project Management, 1999, 17 (2).

[33] Dany Hajjar and Simaan M. Abourizk. Integrating document management with project and company data [J]. Journal of Computing in Civil Engineering. 2000, 14 (1).

[34] Fenios Pena – Mora, K. Hussein, S. Vadhavkar, K. Benjamin. CAIRO: a concurrent engineering meeting environment for virtual design teams [J]. Artificial Intelligence in Engineering, 2000, 14 (3).

[35] 丁士昭. 关于建立工程项目全寿命管理系统的探讨——一个新的集成DM、PM和PM的管理系统的总体构思. 海峡两岸营建管理研讨会论文集 [C]. 北京：1999.

[36] 丁士昭. 关于南京地铁全寿命集成化管理组织管理模式的探讨 [R]. 南京：南京地铁建设指挥部, 2000.

[37] 丁士昭. 国际工程项目管理模式的探讨 [J]. 土木工程学报. 2002 (1).

[38] 何清华, 陈发标. 建设项目全寿命周期集成化管理模式的研究 [J]. 重庆建筑大学学报, 2001 (4).

[39] 何清华. 全寿命周期集成化管理模式的思想和组织 [J]. 基建优化, 2001 (2).

[40] 李瑞涵. 工程项目集成化管理理论与创新研究 [D]. 天津: 天津大学, 2002.

[41] 王华, 尹贻林, 吕文学. 现代建设项目全寿命期组织集成的实现问题 [J]. 工业工程, 2005, 8 (2).

[42] 陈勇强. 基于现代信息技术的超大型工程建设项目集成管理研究 [D]. 天津: 天津大学, 2004.

[43] 陈勇强, 吕文学, 张水波. 工程项目集成管理系统的开发研究 [J]. 土木工程学报, 2005, 38 (5).

[44] 陈勇强. 大型工程建设项目集成管理 [J]. 天津大学学报 (社会科学版), 2008, 10 (3).

[45] 成虎. 建设项目全寿命期集成管理研究 [D]. 哈尔滨: 哈尔滨工业大学, 2001.

[46] 王延树, 成虎. 大型施工项目的集成管理 [J]. 东南大学学报 (自然科学版), 2000 (4).

[47] 王雪荣, 成虎. 建设项目全寿命期综合计划体系 [J]. 基建优化, 2003 (3).

[48] 张劲文. 大型交通建设项目管理集成研究 [D]. 长沙: 中南大学, 2005.

[49] 王长峰, 王化兰. 重大研发项目过程管理组织综合集成研究 [J]. 科学学研究, 2009, 27 (1).

[50] Camarinha-Matos L M, Afsarmanesh H. Collaborative networks: A new scientific discipline [J]. Journal of Intelligent Manufacturing, 2005, 16 (4-5).

[51] Watts A. A dynamic model of network formation [J]. Games Econom Behavior, 2001, 34.

[52] Ahuja C. Collaboration networks, structural holes and innovation: A longitudinal study [J]. Administrative Science Quarterly, 2000, 45.

[53] Cachon G P. Stock wars: inventory competition in a two - echelon upply chain with multiple retailers [J]. Operations Research, 2001, 49.

[54] Corbett C J. Stochastic inventory systems in a supply chain with asymmetric information: Cycle stocks, safety stocks, and consignment stock [J]. Operations 487 - 500. 2001, 49.

[55] Chen Z L, Hall N Cx Supply chain scheduling: Conflict and cooperation in assembly systems [J]. Operations Research, 2007, 55.

[56] Graves S C, Willems S P Optimizing the supply chain configuration for new products [J] Management Science, 2005, 51.

[57] Cachon G P, Lariviere M A. Contracting to assure a supply chain [J]. Management Science, 2001, 47: supply: how to share demand forecasts in 629 - 646.

[58] Cachon G P, Lariviere M A. Supply chain coordination with revenue - haring contracts: strengths and limitations [J]. Management Science, 2005, 51.

[59] Stuart T E. Interorganizational alliances and the performance of firms: A study of growth and innovation rates in a high - technology industry [J]. Strategic Management Journal, 2000, 21 (4).

[60] Hagedoorn q Duysters J. External source of innovation capabilities: the perference for strategic alliance or mergers and acquisition [J]. Journal of Management Studies, 2002, 39 (2).

[61] Deck M, Strom M. Model of co - development emerges [J]. Research Technology Management, 2002, 45 (3).

[62] Luo Y D. Antecedents and consequences of personal attachment in cross - cultural cooperative ventures [J]. Administrative

Science Quarterly, 2001, 46 (2).

[63] Banker R D, KauffMann J R. The evolution of research on information systems: A fiftieth – year surveyof the literature in management science [J]. Management Science, 2004, 50 (3).

[64] 吴绍艳. 基于复杂系统理论的工程项目管理协同机制与方法研究 [D]. 天津：天津大学, 2006.

[65] 李蔚. 建设项目的供应链集成管理研究 [J]. 基建优化, 2005, 26 (1).

[66] 李蔚, 蔡淑琴. 建设项目集成的 SIPOC 模式及其组织支持 [J]. 科研管理, 2006, 27 (1).

[67] 李蔚, 建设项目集成的组织设计与管理 [J]. 华中科技大学学报（城市科学版）, 2005, 22 (2).

[68] 王要武, 薛小龙. 供应链管理在建筑业的应用研究 [J]. 土木工程学报, 2004, 37 (9).

[69] 薛小龙. 建设供应链协调及其支撑平台研究 [D]. 哈尔滨：哈尔滨工业大学, 2006.

[70] 林鸣, 陈建华, 马士华. 基于"3TIMS"平台的工程项目动态联盟集成化管理模式 [J]. 基建优化, 2005, 26 (4).

[71] 王乾坤. 建设项目集成管理三维结构与系统再造 [J]. 武汉理工大学学报, 2006, 28 (3).

[72] 王乾坤, 刘洪海. 基于项目三角的目标集成规划与实施绩效评估方法 [J]. 重庆建筑大学学报, 2006, 28 (5).

[73] 王乾坤. 建设项目集成管理研究 [D]. 武汉：武汉理工大学, 2006.

[74] 陈敬武, 袁鹏武. 建设项目目标集成管理的组织模式 [J]. 科技进步与对策, 2009, 26 (21).

[75] 李红兵. 建设项目集成化管理理论与方法研究 [D].

武汉：武汉理工大学，2004.

［76］李红兵．工程项目环境下的知识管理方法研究［J］．科技进步与对策，2004（5）．

［77］李红兵．建设项目全生命期集成化管理的理论和方法［J］．武汉理工大学学报，2004（2）．

［78］荆琦，王慧敏，徐晓飞．动态联盟项目组织模式及协同管理方法研究［J］．哈尔滨工业大学学报，2004，36（8）．

［79］彭伟东．工程项目协同管理网络组织探讨［J］．中国水运，2008，8（1）．

［80］丁荣贵，刘芳，孙涛，孙华．基于社会网络分析的项目治理研究［J］．中国软科学，2010，6．

［81］赵天奇，陈禹六．大型复杂产品研制与生产的动态联盟模式［J］．计算机集成制造系统，2000（6）．

［82］谢心灵，刘伟，岑伊万．网络型组织中产品设计过程建模及优化［J］．重庆大学学报（自然科学版，2005，28（8）．

［83］科技部．国家科学技术奖励条例实施细则［EB/OL］．［2010－11－12］http：//www.most.gov.cn.

［84］科技部．国家中长期科学与技术发展规划纲要［EB/OL］．［2010－11－16］http：//www.most.gov.cn.

［85］兰劲松，薛天祥．重大科技项目的概念、特征与组织［J］．研究与发展管理，1999，11（5）．

［86］张顺江．重大工程立项决策研究［M］．北京：中国科学技术出版社，1990.

［87］贺新闻，侯光明．基于军民融合的国防科技创新组织系统的构建［J］．中国软科学．2009.11.

［88］贺新闻，侯光明．从军民融合的视角看国防科技工业的"三化"融合发展［J］．中国软科学．2010.10.

[89] 陈强, 鲍悦华, 程好. 重大科技项目的过程管理及协同机制研究 [M]. 北京: 化学工业出版社, 2009.

[90] (美) S. M. 辛诺斯. 王连成译. 系统工程和管理指南 [M]. 北京: 国防工业出版社, 1982.

[91] (美) B. S. 布兰查德. 工程组织与管理 [M]. 北京: 机械工业出版社, 1985.

[92] 丁荣贵. 项目组织与团队 [M]. 北京: 机械工业出版社, 2005.

[93] 倪健. 基于重大科技项目的管理创新研究 [J]. 中国科技论坛, 2006 (5).

[94] 郭宝柱. 系统观点和系统工程方法 [J]. 航天工业管理, 2007 (2).

[95] 郭宝柱. 中国航天系统工程方法与实践 [J]. 复杂系统与复杂性科学, 2004, 1 (2).

[96] 侯光明. 组织系统科学概论 [M]. 北京: 科学出版社, 2006.

[97] 程如烟. 美国重大科技专项组织实施的主要特点 [J]. 科技管理研究, 2008 (6).

[98] 翟源景. 美国国防采办新政策分析 [J]. 装备指挥技术学院学报, 2002 (1).

[99] DoD Instruction, Number 5000. 2. Operation of the Defense Acquisition System, change 1 [EB/OL]. http: www. acq. osd. mil/ar/ar. htm, 2001. 01. 04.

[100] DoD. Moving Acquisition Reform to the Next Millennium: DoD 5000 Rewrite, AR TODAY [EB/OL]. http: www. acq. osd. mil/ar/artody. htm, 2008 - 02 - 01.

[101] 刘旭蓉. 美英武器装备项目技术成熟度评估研究 [J]. 装备指挥技术学院学报, 2005 (6).

[102] 宋海风. 美、日政府科技计划管理对我国的启示 [J]. 科技信息, 2007 (21).

[103] 陈峻锐. 美国先进技术计划（ATP）管理模式分析 [J]. 中国软科学, 2006 (2).

[104] Funding of NNI [EB/OL]. http://www.nano.gov.

[105] CHARLESH R. The Federal Networking and Information Technology Research and Development (NITRD) Program [J]. NICT Forum Briefing.

[106] 编委. 凝缩60年：新中国重大科技工程 [J]. 科学世界, 2009 (10).

[107] 栾恩杰. 耕天思絮 [M]. 北京：中国宇航出版社, 2009.

[108] 栾恩杰. 航天系统工程运行 [M]. 北京：中国宇航出版社, 2010.

[109] 尚智丛. 国家目标引导下的大科学工程 [J]. 工程研究——跨学科视野中的工程, 2009, 1 (2).

[110] 张恒力. 我国大科学工程改造升级的管理与运行 [J]. 中国科技论坛, 2007 (2).

[111] 三峡工程历史回顾 [EB/OL]. (2006-05-16) [2010-12-16] http://www.ce.cn.

[112] 中华人民共和国科学技术部. 国家科技计划2009年年度报告 [DB/OL]. [2010-10-30] http://www.most.gov.cn/.

[113] 蒋玉涛. 基于全生命周期的重大科技专项管理模式构想 [J]. 中国科技论坛, 2008 (10).

[114] 沙洲. 重大科技工程项目的科学管理 [J]. 科学决策, 1997 (4).

[115] 宋东林. 我国科技计划项目全生命周期过程管理模

式研究 [J]. 科学管理研究, 2010, 28 (2).

[116] 修国义. 我国科技计划项目管理模式研究 [J]. 科技与管理, 2009, 11 (1).

[117] 招富刚. 重大科技专项的三种组织管理模式 [J]. 广东科技, 2009 (3).

[118] 穆荣平, 连燕华. 重大科研项目计划管理方法研究 [M]. 科研管理, 1997.18 (4).

[119] 陈军冰. 重大科技项目组织申报研究与实践 [J]. 科技与管理, 2005 (6).

[120] 王长峰. 基于现代项目管理理论的重大科技项目管理模式研究 [J]. 科学学与科学技术管理, 2004 (2).

[121] 罗轶. 国家科技计划项目实施的过程管理模式探讨 [J]. 科技进步与对策, 2006 (3).

[122] 陈省平. 重大科技计划管理体系中的业主制管理模式 [J]. 科技管理研究, 2003 (4).

[123] 陈柳钦. 国际工程大型投资项目管理模式简介. 中国市政工程, 2006 (1).

[124] (德) 哈肯. 协同学导论 [M]. 张纪岳, 郭治安译. 西安: 西北大学科研处, 1981.

[125] 林润辉. 网络组织与企业高成长 [M]. 天津: 南开大学出版社, 2004.

[126] Powell, W. W. Neither marks nor hierarchy: network forms of organization [c]. In B. M. Staw&L. L. Cummings, Research in organization behavior. Greenwich, CT: JAI Press. 1990.

[127] 马汀·奇达夫, 蔡文彬. 社会网络与组织 [M]. 北京: 中国人民大学出版社, 2007.

[128] Raymond E. Miles; Charles C. Snow. Cause of Failure in Network Organizations [J]. California Management Review. 1992,

34（4）.

[129] 钱学森. 聂荣臻同志开创了中国大规模科学技术研制工作的现代化组织管理［J］. 论系统工程［M］. 上海：上海交通大学出版社，2007.

[130] 钱学森. 组织管理的技术——系统工程［J］. 论系统工程［M］. 上海：上海交通大学出版社，2007.

[131]（美）美国项目管理协会. 项目管理知识体系指南（第三版）［M］. 卢有杰，王勇译. 北京：电子工业出版社，2005.

[132] 郭宝柱. 中国航天和系统工程［J］. 国防科技工业，2003（4）.

[133] 李维安. 网络组织——组织发展新趋势［M］，北京：经济科学出版社，2003.

[134] 洪军，柯涛. 网络组织的复杂适应性研究［J］. 中国管理科学，2004，12.

[135] C. C. Snow, R. E. Miles. Causes for Faiiure in Network Organizations［J］. Califo mia Man Review. 1992，34（1）.

[136] 刘式达. 关于对复杂性的几点认识［C］. 何柞麻. 复杂性研究［M］. 北京：科学出版社，1993.

[137] 宋华玲. 广义与狭义管理熵理论—管理学的新研究领域［J］. 中国煤炭经济学院学报，2002. 16（1）.

[138] 任佩瑜，张莉，宋勇. 基于复杂性科学的管理熵、管理耗散结构理论及其在企业组织与决策中的应用［J］. 管理世界，2001（6）.

[139] 李传欣. 经济控制论与经济信息系统工程［M］. 天津科学技术出版社，2003.

[140] 宋华玲等. 管理熵理论—企业组织管理系统复杂性评价的新尺度［J］. 管理科学学报，2003，6（3）.

[141] 阎植林, 邱莞华, 陈志强. 管理系统有序度评价的熵模型 [J]. 系统工程理论与实践, 1997, 17 (6).

[142] 周林, 刘先省. 基于新定义信息熵的目标检测算法 [J]. 信息与控制, 2005, 34 (1).

[143] 洪军. 网络组织复杂性度量的熵模型研究 [J]. 中国管理科学, 2005, 13.

[144] 李习彬. 熵——信息理论及系统工程方法论有效性分析 [J]. 系统工程理论与实践, 1994, 14 (23).

[145] 刘文彬. 网络组织内权力的来源与变迁初探 [J]. 电子科技大学学报, 2009, 11 (5).

[146] DONG B S, KEVIN D. Power – shifting [J]. Business Strategy Review, 2006, 16 (21).

[147] 毛文静, 朱家德. 论网络组织合作的权力治理[J]. 云南行政学院学报, 2008 (3).

[148] 阳东升等. C2 组织的有效测度与设计 [J]. 兵工自动化, 2004, 23 (6).

[149] 修保新等. C2 组织结构的适应性设计方法 [J]. 系统工程与电子技术, 2007, 29 (7).

[150] 阳东升等. C2 组织设计方法研究 [J]. 系统工程学报, 2005, 20 (6).

[151] 吴德胜. 网络组织治理: 基于关系型契约的视角 [J]. 天津社会科学, 2005 (5).

[152] 郝臣. 信任、契约与网络组织治理机制 [J]. 天津社会科学, 2005 (5).

[153] 石光华等. 网络关系契约与虚拟组织 [J]. 物流技术, 2002 (9).

[154] 科技部. 国家中长期科学与技术发展规划纲要 (2006 – 2020) [EB/OL]. [2010 – 10 – 16] www.most.gov.cn.

[155] 侯光明，李存金. 管理博弈论 [M]. 北京：北京理工大学出版社，2004.

[156] AMIR R. Modelling imperfectly appropriable R&D via spillovers [J]. International Journal of Industrial Organization, 2000 (18).

[157] 曾德明，任磊. 高科技产业企业的协作研发与政府政策 [J]. 系统工程，2000 (9).

[158] 周青. 企业协作研发网络化的博弈分析 [J]. 商业研究，2006 (1).

[159] 科技部. 国家科技重大专项知识产权管理暂行规定 [EB/OL]. [2010-10-16] www.most.gov.cn.

[160] Alshawi S, Irani Z. Data warehousing in decision support for pharmaceutical R&D supply chain [J]. International Journal of Information Management, 2003, 3 (23).

[161] 郭丽红，冯宗宪. 垂直性研究与开发合作联盟的博弈模型新探 [J]. 西安交通大学学报，2002，22 (2).

[162] 杨剑. 基于网络特性的创新网络博弈分析 [J]. 科学学与科学技术管理，2007 (8).

[163] 廖文根. 亿万双手托神舟—载人航天工程协同攻关纪事 [N]. 人民日报，2005.11.2.

[164] 中国载人航天工程网. 中国载人航天工程概况 [EB/OL]. [2011-3-5] http：//www.cmse.gov.cn.

[165] 胡世祥，张庆伟. 中国载人航天工程—成功实践系统工程的典范 [J]. 中国航天，2004 (10).

[166] 侯光明，贺新闻. 国防科技工业军民融合式现代化发展思考 [J]. 军事经济研究.2010.10.

[167] 贺新闻，侯光明. 国防科技工业的工业化路径：一个军民融合的战略视角 [J]. 科学管理研究，2011 (4).

[168] 贺新闻, 侯光明. 民营企业准入国有垄断行业的制度选择与博弈分析 [J]. 中国软科学. 2009.11.

[169] 美国促进航天工业市场化运行机制 [EB/OL]. (2003-10-21) [2011-3-5] http: //www.sina.com.cn.

[170] 罗开元, 蒋宇平. 国外军用、民用、商业航天综合发展的战略 [J]. 中国航天, 2000 (9).

后 记

不知不觉中,校园内又嫩叶初上,春意盎然,杨絮纷飞。随着主要研究内容的撰写完成,我的心情也渐次开朗。艰辛而充实的研究历程使我增添了更多的感悟、感慨和感激,感悟知识的浩瀚,感慨人生的不易,感激老师、同学、亲人朋友的关心、帮助和支持。

首先感谢我的导师侯光明教授。恩师前沿敏锐的思维、开拓创新的精神、明理精工的境界、渊深广博的学识引领着我不断探索前行,增长专业知识素养,提升科研能力,完成主要研究探索,研究内容中凝结着恩师的汗水。

感谢夏恩君、李存金、王兆华、刘平青教授对我的悉心指教和帮助,主体研究中也充溢着他们的大成智慧,无论是研究的观点,还是研究的内容和结构,都得到了他们的亲力指点,他们缜密的思维、丰富的知识、严谨的学风使我能够顺利完成主要研究。

感谢北京理工大学组织部副部长刘存福师兄、北京理工大学光电学院副书记邹锐师兄和国务院办公厅李佳路师兄对我学习科研的鼓励、生活工作的关心和帮助,正是他们的鼓励、关心和帮助使我度过了一次次心理煎熬、增添了研究的动力和上进的信心,感谢中国运载火箭技术研究院李同玉部长对我咨询的一次次解惑、调研的一次次帮助。

感谢国家自然科学基金面上项目"复杂重大科技工程组织

界面协同管理模式研究"（71173016）、国家软科学研究计划重大项目"面向国防科技重大工程技术总成的组织管理模式研究"（2011GXS2B008）和国家软科学研究计划面上项目"基于系统工程的复杂重大科技项目组织协同网络构建与管理模式研究"（2012GXS4B057）的支持。

  书中参考和借鉴了国内外许多专家、学者的资料、图片、文献、研究思想和设想，尤其是于景元老先生在2010年大规模科学技术工程组织管理问题专家研讨会的观点对我启发很大，并做了引用，在此一并表示我由衷的谢意。

  十分感谢养育我的父母，含辛茹苦的他们一直在默默地支持着我。感谢我的岳父母，正是他们辛辛苦苦地帮助我照顾孩子，才使我安心地进行学习和科研。感谢我的妻子王艳，她不顾自己读博的艰辛，还一直在鼓励着我、鞭策着我、支持着我。感谢我的女儿贺莹，每当想起不到两岁就离开父爱和母爱的女儿，我就内心充满着愧疚，更加努力地学习和科研，希望女儿早日回到爸妈的身边。

  在此书临出版之前，我参加了国家自然科学基金委管理科学部一处召开的"我国重大工程建设管理中拟需认真研究和解决的重要问题"研讨会，会上各位院士、专家分别提出了自己的观点和建议。其中，不仅自然科学领域有重大工程，社会科学领域也有重大工程，它们的管理模式有所不同的讨论，重大工程、大规模科学技术工程、重大科技工程等概念和研究范围的统一和界定问题，使我产生了深深的思考，重大工程的管理问题非常复杂，需要众多专家、学者不断深入研究探索下去。

贺新闻
2012年6月于北京